HEIDI STOPPER, JANE UHLIG

Blondinen im Management

Was wir von Frauen im Management lernen können

Heidi Stopper ist Volljuristin, hat darüber hinaus einen Master of Science in Human Resources Management und Organisationsentwicklung und ist zertifizierter Coach. Durch Ihre Karriere in High-Tech und Medienindustrie kennt Sie die vielfältigen Herausforderungen von Konzernen als auch von mittelständischen Firmen und Start-ups. Als ehemalige Vorständin im MDAX arbeitet Sie heute erfolgreich als Management-Beraterin und unterstützt Konzerne und mittelständische Unternehmen in Transformationsphasen und Organisationsentwicklungsfragen. Sie ist ein viel gefragter Topmanagement- und Karriere Coach. Als Keynotespeaker für Themen wie Digitalisierung, Leadership und Karrieregestaltung hat sie regelmäßig öffentliche Auftritte. Heidi Stopper ist Kuratoriumsvorsitzende einer Hochschule, sitzt in mehreren Beiräten, ist Kolumnistin beim Manager Magazin und schreibt regelmäßig ihren eigenen Blog. www.stopper-coaching.de

Jane Uhlig, Kommunikationsstrategin und Publizistin, studierte Erziehungswissenschaften, Sozialpädagogik und Kommunikationspsychologie. Seit 15 Jahren entwickelt sie Kommunikationsstrategien für Konzerne, mittelständische Unternehmen, Personen. In eigener Praxis coacht sie Vorstände & Führungskräfte. Als Geschäftsführerin & Kommunikationsberaterin wurde sie für vier Jahre von Altbundespräsident Roman Herzog in den Konvent für Deutschland berufen. Mit Bundeswirtschaftsminister a.D. Wolfgang Clement und dem Unternehmenshistoriker Manfred Pohl gründete sie den Frankfurter Zukunftsrat. Publikationen u.a. „Mut zum Handeln" mit Roman Herzog, Wolfgang Clement, Klaus von Dohnanyi, Roland Berger, Hans-Olaf Henkel, Manfred Pohl (Campus Verlag), „Die kleine Zukunftsfibel" mit Manfred Pohl (Wiley Verlag), „Das agile Unternehmen" mit Kai Anderson (Campus Verlag). Sie ist Inhaberin von JANE UHLIG PR I Agentur für Kommunikation & Publikationswesen. www.janeuhlig.de

HEIDI STOPPER, JANE UHLIG

Blondinen im Management

Was wir von Frauen im Management lernen können

ISBN 978-3-946827-00-9 Print
ISBN 9783-3-946827-01-6 E-Book (PDF)
ISBN 978-3-946827-02-3 E-Book (EPUB)
Das Werk einschließlich aller seiner Teile ist urheberrechtlich geschützt.
Jede Verwertung ist ohne Zustimmung des Verlages unzulässig.
Das gilt insbesondere für Vervielfältigungen, Übersetzungen, Microverfilmungen und die
Einspeicherung und Verarbeitung in elektronischen Systemen.
Copyright © 2016 Jane's Verlag, Maintal
Umschlaggestaltung: Sarah Uhlig
Umschlagfoto: www.pexels.com
Satz: GGP Media GmbH, Pößneck
Lektorat: Renate Giertzuch
Gesetzt aus der Calibri
Druck und Bindung: GGP Media GmbH, Pößneck
Printed in Germany
Konvertierung in EPUB: GGP Media GmbH, Pößneck
www.janes-verlag.com

*Dieses Buch widmen wir den vielen
großartigen Frauen und Männern,
denen wir bisher schon begegnen durften.*

Inhalt

Blondinen im Management beglücken

Was wir allen Leserinnen und Lesern vorab mitteilen wollen

Blondinen im Management beglücken. Blondinen im Management faszinieren. Frauen im Management verwirren.

Als Rednerinnen werden wir seit Jahren auf jeder Veranstaltung gebeten, unsere Erfahrungen in authentischen und ungeschminkten Geschichten zu erzählen. Mit einem humorigen Augenzwinkern erzählen wir dann von Blondinen im Management. Das Augenzwinkern wollten wir für dieses Buch festhalten und so entstand der Titel.

In diesem Buch geht es um die tatsächliche Auseinandersetzung mit erfolgreichen Frauen und ihrer beruflichen Situation. Wie ernsthafte Geschichten werden auch kuriose, ungewöhnliche und komische Begebenheiten erzählt. Nicht nur das Spannende und Lehrreiche interessiert, sondern auch der Blick in die Welt von erfolgreichen Frauen, verbunden mit Macht und Karriere. Dabei stehen nicht unsere eigenen Geschichten im Mittelpunkt der Handlungen, sondern die von 40 Managerinnen verschiedener Hierarchieebenen. Die Geschichten erzählen, was uns von Aufsichtsrätinnen, Vorständinnen, Geschäftsführerinnen, Unternehmerinnen und Führungskräften aller hierarchischer Ebenen in Interviews und Gesprächen berichtet wurde. Namen, Branchen und Orte wurden geändert und die Geschichten zeigen kleine Verluste an Genauigkeit, mit dem Ziel einen großen Gewinn an Wirkung zu erzielen. Charakteristische Situationen werden mitunter durch den Einbezug einer Pointe widergegeben. „Blondinen im Management" vermittelt unverblümt gesetzte Probleme und Geschehen, aber auch Erfolge und große Momente von ganz unterschiedlichen und faszinierenden Frauen.

Mit kurzen Geschichten beschreiben, erzählen, reflektieren und analysieren wir das Leben von Frauen im Management. Vor allem interessiert die Auseinandersetzung mit der Frauenrolle im Business. Erfolge, Erlebnisse und Probleme der Frauen, die sie erfahren haben, werden auf eine erzählende und leichte Art verständlich gemacht. Weiblichkeit im Management wird mit all seinen Vorzügen und Schwächen entblößt.

Es geht um Reflexion und Selbstreflexion, persönliche Wahrnehmungen und Vorurteile. Die Business-Frau haben wir aus dem Umfeld herauskristallisiert und mit dem Bemühen von Objektivität und dem Herausschälen von Identität zu einer jeweiligen Geschichte arrangiert.

Diese Geschichten haben gesellschaftliche Bedeutung und dienen als Instrument der Aufklärung über Frauen im Business – ohne den Anspruch der Vollständigkeit oder Absolutheit. Sie sind weder Kommentar noch Interview, weder Pamphlet noch Abrechnung und auch keine Lobeshymnen auf Frauen. Dennoch weichen die Inhalte von der sichtlichen Normaliät ab. „Blondinen im Management" stehen für Lust auf mehr.

Mit diesen Geschichten wollen wir die gesellschaftliche Diskussion befeuern, ihr aber auch die Schwere und Verbissenheit nehmen. Frauen sind ganz sie selbst, mit all ihren Hemmungen, Widersprüchen und Fehlern. Begegnungen und Gespräche ließen somit farbige Geschichten entstehen.

Für die Entstehung dieses Buches haben wir unglaublich spannende Gespräche geführt. Alle Vorabgespräche, Interviews und Recherchen blicken hinter die Fassaden. Diese Geschichten bieten für viele Frauen eine Reihe von Identifizierungs- und Lernmöglichkeiten.

Wir danken allen Frauen, die bereit waren, mit uns über ihre Erlebnisse zu sprechen.

Wir sagen danke: an Sarah Uhlig und Lars Canenbley für die Transkription der Interviews, an die Frankfurter-Journalistin Dr. Jutta Failing für die redaktionelle Unterstützung bei einigen Geschichten, an Renate Giertzuch für das Lektorat.

Allen Lesern wünschen wir jetzt viel nachdenklichen Spaß mit den Geschichten!
Herzlichst
Ihre

Heidi Stopper und Jane Uhlig

Wie ein CEO eine Mitarbeiterin fragte: Warum arbeiten Sie eigentlich?

Eine Geschichte, die für sich spricht

Dies ist eine Geschichte, die für sich spricht und die weder interpretiert noch diskutiert werden muss.

Es ist wie jedes Mal nach dem Regen. Ich fiebere nach den warmen trockenen Sommermonaten. Wenn morgens der Tag mit einem strahlend blauen Himmel beginnt, dann ist die Stimmung bestens. Vor allem im Büro, oder wenn ich mal wieder auf Dienstreisen bin.

Dieses Mal führte mich meine Reise nach Paris und ich flog gemeinsam mit dem CEO des Konzerns zu einer Sitzung. Ich arbeitete noch nicht lange in dem gigantischen Industriekonzern und begleitete ihn das erste Mal. Naja, ich war schon etwas aufgeregt, mit ihm das erste Mal unterwegs zu sein. Ich bewunderte ihn. Er gehörte zu den Nummer-Eins-Männern, die eine herausragende Karriere hinter sich hatten. Im Vorfeld informierte ich mich über ihn: Er selbst kam ins Rampenlicht, als er den Konzern durch die große Krise manövrierte. Bis heute führte er das Unternehmen wirkungsvoller als seine Vorgänger. Er gehört zu den weltweit mächtigsten Konzernbossen und avanciert immer mehr zum gefragten Berater von verschiedenen Staatschefs in Europa. Es bewegte meinen Stolz, für ihn zu arbeiten.

Im Flugzeug saß ich nicht neben ihm, sondern er in der Business Class und ich in der Economy. So konnte ich meinen Gedanken nachgehen und freute mich auf diese Reise, wenn ich auch wusste, dass ich kaum Zeit hatte, überhaupt etwas von Paris zu genießen. Aber dennoch verursachte Paris gute Laune in mir und ich gelange dabei immer wieder ins Schwärmen. Die französische Art im Business zu interagieren, unterscheidet sich doch sehr von unserer deutschen. Netzwerke und die persönliche Beziehungsebene sind entscheidend und werden gerne bei ausgiebigen Businesslunches vertieft. Savoir-vivre eben.

Eine große schwarze Limousine wartete bereits am Flughafen auf uns. Eine nagelneue Mercedes S-Klasse. Ein dünner Ledergeruch kroch mir in die Nase. Alles noch neu. Dabei fühlte ich mich schon ziemlich königlich und war gespannt auf das Plaza Athénée, in dem die Sitzung stattfinden sollte. Ebenso war ich ziemlich aufgeregt, denn ich sollte zehn Minuten über die operative Planung meiner BusinessUnit sprechen. Aber ich war gut vorbereitet. Und ich wusste, meine Aufregung würde dann verfliegen, sobald ich den ersten Satz gesagt hatte. Nach der Maxime: Gut vorbedacht – schon halb gemacht.

Während des Fahrens kamen wir ins Plaudern. Er fragte mich, ob ich verheiratet wäre. „Ja, natürlich, schon seit fünf Jahren und sehr glücklich", antwortete ich. Darauf fragte er: „Als was arbeitet denn ihr Mann?" Ich sagte ihm, dass mein Mann Musiker wäre. Nach einer kurzen Pause erwiderte er: „Mh … Klar, dann verdient ja ihr Mann nicht viel." Ups! Was hatte der gerade gesagt? Was hatte das denn zu bedeuten?

Irritiert sah ich ihn an und antwortete, dass mein Mann ein sehr gut laufendes Tonstudio mit etlichen Mitarbeitern hat, das auch für Hollywood Blockbuster Filmmusik komponiert. Daraufhin er: „Warum arbeiten Sie dann überhaupt?"

> *Ziel des Lebens ist Selbstentwicklung.*
> *Das eigene Wesen völlig zur Entfaltung zu bringen,*
> *das ist unsere Bestimmung.*
> *Oskar Wilde*

Siege, aber triumphiere nicht.
Marie von Ebner-Eschenbach

Die Generalprobe wurde mein Waterloo – und die Premiere mein Triumph

Wie der General Manager mich coachte

Im Spiegel meines Hotelzimmers sah ich eine ziemlich nervöse Frau. Anfang Dreißig und Controllerin in einem amerikanischen Konzern. Diese Frau war ich. Seit Stunden, es war schon weit nach Mitternacht, sprach ich vor einem imaginären Publikum. Der mannshohe Spiegel zeigte mir meine Unsicherheit, aber auch meine Entschlossenheit. Am Nachmittag war ich bei einer Generalprobe im kleinen Kreis auf ganzer Linie gescheitert. Mit meiner Rede hatte ich nicht nur mich, sondern auch meine Teamkollegen gequält. Stockend und ohne Esprit vorgetragen, lautete dann auch deren Urteil. Es war ein Desaster, mein Vortrag riss keinen mit. Ich empfand Scham, da mir mein Teamleiter ohne weiteres zugetraut hatte, diese wichtige Rede am nächsten Tag vor rund 300 Top-Entscheidern beim Strategiemeeting des Konzerns zu halten.

Aus der ganzen Welt waren die Kollegen angereist und bereits im Hotel angekommen, neugierig darauf, was das deutsche Team an neuen Taktiken präsentieren wird. Einige Gesichter kannte ich von Videokonferenzen, dennoch steht das in keiner Relation zu einem gegenübersitzenden Gesprächspartner. Es sollte mein erster großer Auftritt dieser Art werden, und ich drohte, dem Vertrauen in meine Person nicht gerecht zu werden. Frei reden war für mich bis dahin nie eine mentale Belastung, ebenso wenig fiel mir das Schreiben einer motivierenden und mit Zahlen gespickten Rede schwer, denn ich habe ein Talent für Worte und diese purzelten normalerweise wie Brieftauben aus mir heraus. In diesem Fall aber nur auf dem Papier. Meine Zunge schien wie verhakt, die Tauben flügellahm. Was war bloß los?

Die Konkurrenz scharrte mit den Hufen

Doch der Reihe nach. In einem multifunktionalen Markenführungsteam des Konzerns war ich für die kaufmännischen Belange verantwortlich, und obwohl unsere Non-Food-Marke weltweit bestens dastand, scharrte die Konkurrenz unablässig mit den Hufen, um uns zu überholen. Auch unsere Marke musste sich immer wieder neu erfinden oder doch zumindest weitere Kaufanreize schaffen. Wie in amerikanischen Unternehmen üblich, verstand man uns Controller nicht als reine Zahlenknechte, sondern wir nahmen die Rolle des Business Partners ein und wurden aktiv in Entscheidungsprozesse involviert.

Ich war betriebswirtschaftlicher Begleiter, das ökonomische Gewissen – und auch der Hofnarr, der unangenehme Wahrheiten aussprechen durfte. Eine spannende Rolle.

Pack den Stier, die Rede, bei den Hörnern!

Mein Teamchef war ein sehr entspannter Finne, ein starkes Gewächs mit Wurzeln im Marketing und eloquent wie der berühmte Kühlschrankverkäufer in der Antarktis. Er brannte für drei Dinge: die Firma, die Familie und für den Tango. In jüngeren Jahren hatte er es in seiner Heimat sogar zu kleineren Titeln in diesem leidenschaftlichen Tanz gebracht, geblieben war ihm nach einer Knieverletzung die Tangomusik, die sogar im Büro sein Klingelton war. „Mit der Familie geht es drei Wochen nach Finnland, meine Kinder sind mir wichtig", sagte er beiläufig. Ich horchte auf, denn die Urlaubstage fielen genau in die Zeit des globalen Strategietreffens. Bei der mehrtägigen Tagung sollte jede Konzernmarke kurz und knapp präsentiert werden – und nun wollte einer der Hauptredner einfach in die Ferien düsen? Ich war mehr als überrascht, fand es aber insgeheim mutig von ihm, der Familie so viel Stellenwert einzuräumen. Er hatte natürlich einen Plan, der Fuchs. „Du vertrittst mich, denn du bist diejenige im Team, die das am ehesten leisten kann. Für den Global Manager ist das kein Problem, du bist meine Stellvertreterin. Pack den Stier, die Rede, bei den Hörnern!", kam von ihm. Da schien schon alles in trockenen Tüchern, und nur zu gern ließ ich mich in dieses Lob einwickeln. Schon länger war ich die zweite Spitze im Team, auch wenn dies nicht auf meinem Türschild stand.

Eine Rede zu schreiben ist nicht schwer, dachte ich. Hineinpacken wollte ich möglichst viele gute Strategien, die anschließend in Arbeitsgruppen weiter Gestalt annehmen sollten. Im Team gab es keine Diskussionen, nur der Global Manager schien nicht ganz überzeugt, dass die Sache bei mir wirklich in guten Händen lag. Ich bemerkte es daran, dass er mich mit seiner ganzen Autorität drängte, ihm die Rede bereits drei Wochen vor dem Termin vorzulegen. Dabei kannte er mich doch als Last-Minute-Worker, verlässlich und exzellent, aber immer auf den letzten Drücker. Ich schrieb also, feilte und baute kluge Bonmots ein.

Alles Wackelpudding – Wie ich mit fliegenden Fahnen unterging
Tatsächlich hatte der Global Manager wenig zu kritisieren und er bescheinigte meinem Text einen gelungenen Aufbau und Flow. Die Rede war damit auf der Zielgeraden. Als zweites Sicherheitsnetz bat er dann um eine Generalprobe. Selbstbewusst wie ich nun einmal bin, versicherte ich ihm, dass das eine Kleinigkeit sei und Redeangst für mich ein Fremdwort darstelle. Ich sollte mich irren: der Stressfaktor wird umso größer, je wichtiger das Ziel ist. Eine gute Rede schreiben und eine gute Rede halten, sind die zwei Säulen, die einen starken Auftritt tragen, aber ich hatte noch nicht gelernt, sie mit gleicher Tragkraft auszustatten. Die Generalprobe wurde mein Waterloo, ich ging mit fliegenden Fahnen unter.

Die anwesenden Teamkollegen vermieden den Blickkontakt, so konfus hatten sie mich noch nie erlebt. Ich kam einfach nur schlecht rüber, was ich vortrug, war reinster Wackelpudding. Was sich auf dem Papier so gut las, klang plötzlich so gar nicht ansprechend. Es stimmte leider: geschriebene und gesprochene Sprache sind zwei Paar Schuhe! Ich selbst kannte auch erschreckenderweise meine Stimme nicht wieder, die plötzlich so hoch und schrill klang. Nicht aus Angst hatte ich die Rede vergeigt, sondern aus Unerfahrenheit zusammen mit einem extrem hohen Anspruchsdenken. Ich hatte schließlich vor hunderten Menschen, den guten Ruf unseres Teams zu verteidigen. Der General Manager lächelte und statt eines Donnerwetters lobte er erneut meinen, seiner Ansicht nach, runden und schlüssigen Text und gab mir dann den Rat oder vielmehr die Anweisung, die wenigen Seiten auswendig zu lernen. Und zwar komplett,

Wort für Wort, eine Nacht hätte ich Zeit. Das sollte mir Sicherheit geben und Freiheit beim Sprechen.

Gefühlte 100-mal las ich den englischen Text
Allen war klar, aus dieser Nummer komme ich nicht mehr heraus, da musste ich durch. Ein Kneifen zu diesem Zeitpunkt hätte meiner Karriere und vor allem meinem Selbstbild unglaublich geschadet. Da stand ich nun allein vor dem Spiegel und übte. Gefühlte 100-mal las ich den englischen Text und hämmerte ihn mir in den Kopf hinein. Ich wusste, selbst manche der besten Schauspieler und Musiker haben zermürbendes Lampenfieber und Tricks, die Stresshormone im Körper in Schach zu halten. Der großartige Komiker Heinz Erhardt, über dessen Wortspiele meine Großeltern gern lachten, trug eine Brille aus Fensterglas, sodass er das Publikum nur verschwommen sehen konnte. Was ihm half, ginge mir zu weit, ich will Menschen sehen, selbst wenn mein Herz vor Anspannung trommelt. „Lachen Sie, akzeptieren Sie Ihr Lampenfieber und klammern Sie sich ja nicht an einen Kugelschreiber", gab mir der General Manager noch mit. Ich sprang ins kalte Wasser – und es trug mich.

Wie ich mit meinem Kurzzeitgedächtnis abhob!
Die ersten Worte las ich noch vom Zettel und dann hob ich mit dem Kurzzeitgedächtnis ab, spulte die Rede mit allen nötigen Pausen und Betonungen ab und sprach frei, fand die richtigen Worte. Zwischendurch stand ich für Sekunden wie neben mir und schaute, was diese junge Frau, ich, zu leisten imstande war. Ein Moment, der mich wirklich stolz machte und mich meine Stärke spüren ließ. Kurz wollte ich meine Hand in der Hosentasche meines schwarzen Anzugs verstecken, doch ich hielt sie zurück. Bei manchen Männern mag diese Geste lässig aussehen, ich finde sie generell unhöflich und brauche meine Hände auch beim Sprechen. Auf Tuchfühlung ging ich mit den Augen, schaute die Männer und Frauen an, die mir im Saal zuhörten. Bildete ich mir das ein, oder kam ein Glänzen zurück? Wie auch immer, es fühlte sich an, als würde einem Schokolade am Körper runterlaufen, einfach berauschend! Sicher legte ich hier keine absolute Glanzleistung hin, aber gab doch ein ordentliches

Paket ab. Nach einer Viertelstunde war alles vorbei, Applaus brannte auf und ich ging zurück an meinen Platz.

Der Global Manager stand auf und klopfte mir anerkennend auf die Schulter, sagte: „Jetzt bist du eine von uns!" Seine anfänglichen Zweifel brachte er später im Hotel offen zur Sprache, meine Wahrnehmung hatte mich also nicht getäuscht. Trotz seiner Bedenken stand er hinter mir und gab mir Mittel in die Hand, den Auftritt zu bewältigen. Sein Rat setzte dort an, wo ich auch wirklich etwas verändern konnte. Dass er sich mit mir aufrichtig über den Erfolg freute, wertete ich als Kompliment unter Gleichen.

Mein Glück: Vorgesetzte, die mir Herausforderungen vor die Nase setzten

Was veränderte sich in der Folge? War mein Teamleiter im Urlaub, stand nie wieder die Frage im Raum, ob ich die Vertretung auf allen Ebenen bewältigen kann. Für mich selbst war das ein großer Schritt im Rollenverständnis meines Jobs – ich war nicht nur Controllerin und Businesspartnerin, sondern konnte auch multifunktionale Teamleiterin sein. Das einmal mit jeder Pore erlebt zu haben, war mir nicht mehr zu nehmen, auch in späteren Jobs kam mir das sehr zugute. Mein Glück waren Vorgesetzte, die mir Herausforderungen vor die Nase setzten, mir aber zugleich im Kern vertrauten. Hätte ich die Rede vor den versammelten Leadern an die Wand gefahren, wären auch der Global Manager und mein Teamleiter nicht ohne Beulen davongekommen. Mein Misserfolg wäre zum Teil auf sie zurückgefallen.

Nur eine Oktave tiefer

Nach der Rede ist vor der Rede, und sie jedes Mal auswendig lernen war natürlich keine Lösung. Ich entschloss mich zu einem Sprecher-Coaching, um mir das nötige Rüstzeug anzueignen. Im Einzeltraining lernte ich die Grundlagen der Atem- und Sprechtechnik und begriff schnell, meine Stimme als Freund und nicht als zu zähmenden Gegner anzusehen. Frauen erhöhen ihre Stimme, wenn sie nervös sind, und auch ich war nicht davon frei. Bei Stress ging meine Stimme hoch und wirkte dadurch flatterig, angestrengt und letztlich inkompetent. Bereits eine Oktave tiefer hörte sich das Gesprochene schon besser an. Schwierigkeiten hatte ich auch mit der Sprechgeschwindigkeit, mein Tempo war einfach zu schnell. Der Coach, eine Schauspielerin, drosselte mich mit viel Geduld auf etwa 140 Wörter oder 250 Silben in der Minute. Vorlesen war mir schon in der Grundschule ein Gräuel, vielleicht lag da eine Ursache für mein hektisches Lesen. Ganz allmählich merkte ich, frei sprechen kann Spaß machen, je überzeugter ich vom Inhalt war, desto authentischer kam ich rüber. Um in Übung zu bleiben, las ich mir zuhause selbst vor und gab das Gelesene anschließend frei wieder. Ich hatte nun verstanden: Nur 30 Prozent zeigt Wirkung, mit dem, was ich sage und 70 Prozent, wie ich vortrage!

Als hätte ich das Ei des Kolumbus entdeckt

Wie mein Hobby zum zweiten Standbein wurde

Einerseits leite ich die Buchhaltung eines großen internationalen Konzerns. Andererseits liebe ich Bücher anderer Art: Bei mir türmen sich historische Romane von englischsprachigen Autoren, ich bin ein großer Fan, keine simplen Herz-Schmerz-Storys, sondern unterhaltsamer und gut recherchierter Geschichtsunterricht muss die Quintessenz sein. An einem gemütlichen Lese-Sonntag im Bett, Kaffee und ein Marmeladenbrötchen in der Hand, kam mir eine Idee. Warum sollte ich meine inzwischen große Kennerschaft, was historische Romane angeht, nicht mit anderen teilen? Ein eigener Blog mit Rezensionen zum Nachlesen und Hören! Als hätte ich das Ei des Kolumbus entdeckt, sprang ich aus dem Bett und setzte mich sofort an den Computer, um das Konzept zu entwickeln. Wer weiß, was aus diesem Blog werden könnte, vielleicht sogar ein eigener Youtube-Channel, der Buchempfehlungen für ein ganz bestimmtes Genre auf ein neues Level holt. Den Sonntag verbrachte ich damit, alles was mir dazu in den Kopf kam, zu strukturieren und als Test eine kleine Buchbesprechung vorzubereiten. Mit dem Diktiergerät und dem fertigen Text ging ich auf die Terrasse, das leise Vogelgezwitscher passte genau zum Roman, in dem es idyllisch begann und wo schon bald die schweren Eisenschwerter in einer Schlacht Funken schlugen. Ich spielte es Freunden vor, von denen ich wusste, einen Reinfall würden sie mir durch die Blume um die Ohren hauen. Genau das brauchte ich, eine ehrliche Kritik.

Inzwischen sind fünf Jahre vergangen, aus einer Buchkritik sind mehrere hundert geworden. Postcasts werden jeden Monat tausendfach abgerufen. Das Konzept schlug ein wie eine Kanonenkugel in eine mittelalterliche Burg, ich nahm meinen Blog in Besitz. Das Radio und überregionale Tageszeitungen berichteten, meine Pressearbeit funktionierte. In all der digitalen Flut, lauschen die Menschen wieder gern dem gesprochenen Wort, noch dazu, wenn dieses sie über die Lust an guten Romanen informiert. Meine Leidenschaft dafür ist offenbar ansteckend und meine Einschätzung gefragt.

Andere Blogs zogen schnell nach, was in Ordnung ist, denn ich fühle mich als unverwechselbares Original. Als solches werde ich auch zu Lesungen eingeladen, und reise dafür in Länder, in denen die Romane spielen. London war kurz vor Weihnachten eine Station, herrlich die faszinierende Atmosphäre, gerade in der dunklen Jahreszeit dort zu erleben. Ich hörte förmlich das Rascheln der kostbaren viktorianischen Kleider und die Hufe der Kutschpferde. In einem bekannten privaten Literatursalon im Londoner Westend nahm ich drei Neuerscheinungen unter die Lupe, was sehr gut ankam.

Nicht zu vergessen, mit der Arbeit für den Literaturblog nahm auch meine Redegewandtheit und Zufriedenheit im Job zu. Ergebnisse kurz und knapp, aber doch unterhaltsam vor Publikum auf den Punkt zu bringen, ging mir leichter von der Hand. Das fiel natürlich auch im Konzern auf und immer häufiger wurde ich gefragt, etwas zu präsentieren. Bestimmt belächeln mich viele im Konzern und bis heute höre ich immer wieder ungefragt Kommentare von Kollegen, die sie sich besser sparen könnten. Ich habe gelernt, darüber zu stehen, ließ mir meine Nebentätigkeit genehmigen und gehe offen damit um.

Ich war auch bei der Arbeit viel ausgeglichener und zufriedener, da ich meine ganz unterschiedlichen Seiten ausleben konnte.

Die Zeit, die ich für meine Leidenschaft aufbringe, frisst meine ganze Freizeit, ist aber jede Sekunde wert. Ich versuche es nicht mehr nur allen anderen recht zu machen, sondern auch bewusst nach mir und meinen Bedürfnissen zu schauen. Darüber hinaus wurde aus meiner Nebenbeschäftigung auch eine Einkommensquelle, die mir meine Reisen finanziert.

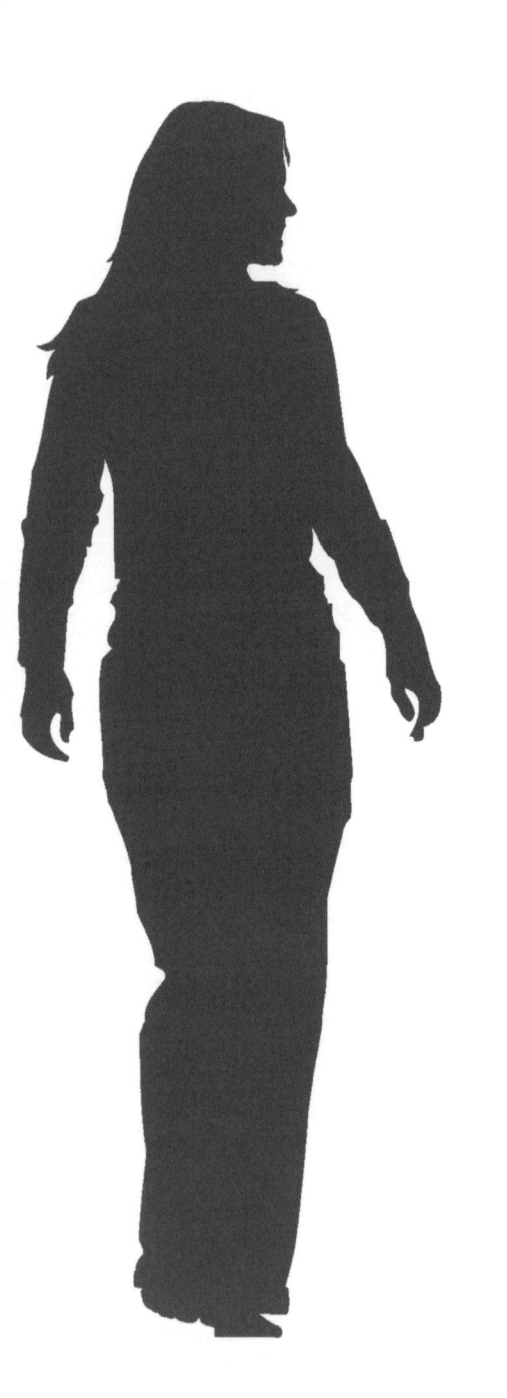

Wir gehen als ganzer Mensch zur Arbeit

Ich konnte das Leid nicht am Eingang abgeben

Eigentlich hätte ich rundum glücklich sein können. Mein Job und mein Leben liefen wie am Schnürchen, ich bekam viel Anerkennung. Dann zerriss vor gut einem Jahr das Idyll, eine Krankheit, die keiner voraussehen konnte und baute sich drohend auf. Meine beste Freundin, wie eine Schwester so nah stehen wir uns, erkrankte an Krebs. Ich wollte es nicht glauben, als sie mir am Telefon von der Diagnose erzählte. Schon seit einiger Zeit fühlte sie sich müde, was wir auf ihren stressigen Job in einer Anwaltskanzlei schoben. Sofort fuhr ich zu ihr und wir heulten erst mal gemeinsam. Das Leben ist einfach nicht gerecht, diese schöne Frau, dieser wunderbare Mensch, hatte einen ernsten Feind in sich. Man fühlt sich machtlos, ja ausgeliefert. Wir berieten das weitere Vorgehen, um eine Chemotherapie würde sie nicht herumkommen, das hatten ihr die Ärzte bereits gesagt. Man kennt ja die Bilder vieler Kranken und die Angst in ihren Augen. Nun war so ein Schicksal an meiner Seite.

Wie ich versuchte, im Team meinen inneren Rückzug zu erklären
Die nächsten Tage saß ich wie betäubt am Schreibtisch. Mein Team hatte gerade eine schwierige Nuss zu knacken und mein ganzer Einsatz war gefragt. Fast mechanisch tat ich meinen Job, mein herzliches Lachen war verschwunden und unruhig schaute ich auf das Handy-Display, ob es neue Nachrichten von der erkrankten Freundin gab. Anfangs neckten mich meine Kollegen, erkundigten sich nach Liebeskummer oder der berühmten Laus, die mir wohl über die Leber gelaufen sei. Länger war das nicht aufrecht zu halten, und so rückte ich beim Wochenmeeting

mit der Sprache heraus, entschuldigte mich für meinen inneren Rückzug und erklärte die Hintergründe. Jeder kannte so einen Fall aus dem
eigenen Familien- oder Freundeskreis, alle hatten Verständnis. Das ging
einige Wochen gut, aber meine Stimmung wurde nicht besser. Die wach-
sende Sorge um die Freundin und die Aufmerksamkeit, die ich ihr gab,
nahmen mich ganz ein. Gemeinsam fuhren wir zu Untersuchungen und
abends sprachen wir endlos über ihre Ängste und mögliche alternative
Therapien. Entsprechend gerädert kam ich morgens zur Arbeit, hielt mich
mit Kaffee wach und drosselte mein Engagement in der Firma, obwohl
ich gerade das nicht wollte. Meine Freundin ist alleinstehend wie ich,
den Kontakt zu ihren Eltern hat sie vor Jahren abgebrochen, da war nur
noch ein Scherbenhaufen.

Sechsmonatiges Sabbatical: Kalkül oder Geste?
Schließlich nahm mich der Geschäftsführer zur Seite, holte meinen Teamleiter dazu und sprach Klartext. Verständnis hin oder her, ich hätte Leistung zu zeigen und der Konzern sei kein Streichelzoo. Zugegeben, mir
waren in letzter Zeit kleinere Fehler passiert. Oft wirke ich abwesend,
zu unbeteiligt, meinten beide. So ginge es einfach nicht weiter. Ob sie
mich abschieben in ein anderes Team, wo ich weniger Schaden anrich-
ten konnte, schoss mir durch den Kopf. Auf alles gefasst, sah ich sie an.
Auf alles? Nein, nicht auf das. Die beiden Männer waren sich einig, sie
wollten mich behalten und genau in dieser Position und in diesem Team.
Gleichzeitig stand für sie fest, dass in den nächsten Wochen und Monaten nicht mit meiner vollen Leistung zu rechnen war, zumindest nicht
solange wie meine Freundin sich in einer akuten Krise befand. Kurzum,
sie boten mir ein sechsmonatiges Sabbatical an, eine Freistellungsver-
einbarung könnte alles regeln. In dieser Zeit würde mich ein externer
Interim Manager vertreten, Hauptsache, ich käme wieder zurück. War
das eine große Geste oder Kalkül? Ich zögerte und bat um Bedenkzeit.

Das, was mich wirklich nährt, fehlte dennoch
Abends besprach ich mich mit der Freundin. Einige Monate zusammen
einen schwierigen Weg gehen, wir könnten beide daraus lernen, war

mein erster Gedanke gewesen. Die Freundin wollte mich nicht unter Druck setzen, „Entscheide du", sagte sie nur. Es wird ein Höllenritt, wenn du sie begleitest, doch auch, wenn du es nicht tust, flüsterte die Zweiflerin in mir. Schärfe mit der Auszeit wieder deinen Blick fürs Wesentliche, sprach die Mutige in mir. Ich warf sogar heimlich eine Münze, um mir die Entscheidung leichter zu machen. Ich wollte meiner besten Freundin nahe sein, gleichzeitig hatte ich Angst um meinen Job. Werde ich dort wieder so nahtlos anknüpfen können? Dann hatte ich nachts einen Traum. Ich saß an meinem Schreibtisch im Büro und aß. Und ich aß und aß, aber ich wurde nicht satt. Immer neue Teller mit Bergen der leckersten Sachen wurden mir gebracht, doch ich blieb hungrig. Ich sah diesen kuriosen Traum als eine Botschaft, meine Arbeit, die Erfolge und Herausforderungen erfüllen mich und machen auch viel Spaß, aber das, was mich wirklich nährt, fehlt dennoch.

Dahinter die zutiefst menschliche Frage, wie ich das Leben als geschenkte Zeit sehe, die ich nutzen, verantworten und auch auskosten will. Unsere Zeit ist begrenzt. Das macht sie so kostbar. Und ich glaube, wer das wahrnimmt, lebt anders: dankbarer. Die Krankheit meiner Freundin machte mir das deutlich.

Die Entscheidung war gefallen, ich nahm die Auszeit an. Der Interim Manager war schnell gefunden, eine Freiberuflerin mit Biss und Empathie. Keine Notlösung, sondern ein vollwertiger Ersatz auf Zeit. Vereinbart wurde eine kurze vierzehntätige Abstimmung via Skype über alle Neuigkeiten, darauf bestand ich. In dem halben Jahr wollte ich nicht ganz vom Team entfremdet werden.

Ich nahm eine Auszeit, zog zu meiner Freundin und begleitete sie zur Therapie

Was eine derart schwere Krankheit bedeutet, wissen alle, die sie bei einem Freund oder engen Verwandten begleitet haben. Man stellt sich auch als Nichtbetroffener die großen Fragen des Lebens und des Sterbens. Ich zog zu meiner Freundin, begleitete sie zur Therapie und ging mit ihr stundenlang durch die Wiesen spazieren. Wir lachten viel, den Tod vor Augen, wird man ironisch und weniger ernst. Pralles Leben, dachte ich und lieh uns ein PS-starkes Cabrio, mit dem wir ins Grüne fuhren und uns fühlten wie freie Löwinnen.

Die Therapie schlug an, sehr langsam. Nach den sechs Monaten war sie noch lange nicht über den Berg, doch in uns war etwas entstanden, eine Gewissheit, dass der Tod nicht das letzte Wort hat. Was man mitnimmt, ist ein gelungenes Leben – eine Aufforderung an jeden, der sich im Job aufreibt oder seine Zeit vertändelt. Und wer kommt schon lebend aus diesem Leben heraus? Niemand. Die Botschaft hatte ich verstanden, die begrenzte Zeit, die wir alle haben, will intensiv und mit Verantwortung genutzt sein.

Zurück im Job

Ich war zurück. Mein Schreibtisch, mein Team, meine Vorgesetzten. Alles war wie immer und doch nicht wie immer. Die Interim Managerin hatte einen klasse Job gemacht und mir ein bestelltes Feld hinterlassen. Ich war sehr froh darüber, wenngleich es mir schon auch einen kleinen Stich gab, so gut ersetzt worden zu sein.

Bis heute bin ich meinem damaligen Chef dankbar, dass er mich ins Sabbatical geschickt hatte und danach wieder so selbstverständlich in die Organisation aufgenommen hat. Ich weiß von vielen anderen, bei denen das Sabbatical das Aus in ihrem Job war und die nach dem Sabbatical mit einem Handschlag und einem kleinen Scheck verabschiedet wurden. Leider!

Ich hatte eine unglaublich intensive Zeit, habe mich weiterentwickelt und hatte letztlich auch einen Chef auf den ich mich voll verlassen konnte. Was für ein Geschenk!

Meine Freundin ist drei Jahre später erneut an Krebs erkrankt und hat den Kampf nicht gewonnen. Ich vermisse sie so sehr!

Für alle Frauen, die ein Revier benötigen.

Über Platzhirsche und das Glück, zum richtigen Zeitpunkt am richtigen Ort zu sein

Persönliche Beziehungen und Sichtbarkeit – Schlüssel zum Erfolg

Wer sich auskennt, kommt an Weihnachten niemals zu spät in den Dom, sondern ist mindestens 30 Minuten zeitiger vor Ort. Ich kannte mich nicht aus und kam, wie bei allen Terminen, fast pünktlich auf die Minute. Mist! Der Dom war bereits gefüllt mit vielen Menschen, die erwartungsvoll auf das weihnachtliche Orgelkonzert warteten. Es duftete angenehm nach Fichtennadeln, Kirche und Weihrauch. Ich ging von Kirchenbank zu Kirchenbank und suchte verzweifelt nach einem freien Plätzchen. Ah, vorne war noch was frei. Ich hatte Glück, vermutlich hat sich niemand getraut, in der ersten Reihe Platz zu nehmen. Eine halbe Bank war noch frei und ich versuchte, mir den Weg dahin freizuschaufeln. Endlich dort angekommen, stellte ich fest, dass ein älterer Herr diese für sich und seine zwei Kinder, die später kämen, wie er meinte, beschlagnahmt hatte. Mist, das war das, was ich nicht wollte: stehen. Ich wollte das Orgelspiel so gerne im Sitzen genießen. Dabei meditieren, Resümee ziehen und an meine Eltern denken, die schon lange nicht mehr lebten.

„Setzen Sie sich doch einfach hin. Die Bank wird schon seit mehr als zehn Minuten freigehalten. Immer diese männlichen Territoriums-kämpfe – nicht auch noch an Weihnachten. Um eine Kirchenbank." Ich sah auf und eine couragiert wirkende ältere Dame sah mich mit auf-geweckten Augen an. „Ich danke Ihnen. Sie haben recht. Freie Reviere in der Kirche gehören niemandem. Ich kann ja immer noch aufstehen, falls seine Kinder kämen". Sie sprach ein altes wie neues Thema an: Den Kampf ums Revier. Es ist, wie es ist: Wir Frauen müssen lernen, uns das

Revier, das wir brauchen zu nehmen. Das geht sämtliche Lebenssituationen an, ob im Beruf oder im Alltag. Auf der Kirchenbank gab es ein freies Revier und das war jetzt mein Revier – und damit basta. Ich setzte mich und just in diesem Moment kam auch mein Mann dazu, der sich wie selbstverständlich hinsetzte. An meinen Kampf um die Sitzplätze, hatte er nicht im Geringsten gedacht.

Stefanie Bald war eine Frau um die Mitte Fünfzig. Mit auffälliger Brille und zurückgekämmten Haaren saß sie eine Bank hinter uns. Blind verstanden wir uns auf Anhieb. Wir schmunzelten uns zu und uns war klar, um was es ging. Mal wieder die versteckten Tücken des Testosterons: Territoriumskämpfe.

Haben Frauen das Gespür für's benötigte Revier?

Schon lange beschäftigte mich die Frage: Warum fehlte vielen Frauen das Gespür fürs benötigte Revier? Meine Wahrnehmung ist: Männer haben ein weitaus ausgeprägteres Gefühl für's Territorium als Frauen. Es gibt Männer, die denken, sie erhalten durch mehr oder neues Territorium Machtzuwachs und erhöhten Marktwert. Im Arbeitskontext beginnt das schon bei kleinsten territorialen Einheiten. Die eigene Schreibtischfläche, das Büro mit den meisten Fenstern oder ein besonders großes Vorzimmer. Ja, ja, ein wenig territorial bewusstes Verhalten könnte vielen Frauen das berufliche und private Leben um einiges leichter machen. Man müsste es ja nicht so übertreiben.

Die Kinder des Mannes kamen zu spät, und leider erst nach dem das Konzert fast vorbei war. Und: Sie waren bereits erwachsen. Mindestens 18 oder 20 Jahre.

In Gedanken bedankte ich mich noch einmal bei der couragierten Dame und wie es der Zufall wollte, sollten wir bald wieder Kontakt miteinander haben. Mit unsichtbarer Hand wurde schon damals unser Frauenbündnis angekurbelt. Diese unsichtbare Hand steuerte später die Rede der Bundeskanzlerin auf der Konferenz, die ich organisieren sollte. So entstand zwischen den Blicken und dem stillen Einverständnis zweier Frauen in einer Kirche einige Zeit später eine großartige Konferenz.

Mit verpassten Chancen lebt es sich schlechter, als mit dem einen oder anderen Irrtum

Ich war Dozentin an der hiesigen Universität der Stadt. Ein Jahr später, nachdem ich als Professorin berufen wurde, erklärte ich mich entschlossen bereit, zusätzlich einen internationalen Kongress in Berlin zu organisieren und das gesamte Kongressgeschehen abzuwickeln. Professionalität war das O und A dabei. Wie aus innerer Getriebenheit wollte ich unbedingt diesen Kongress organisieren. Lange sollte von diesem Kongress gesprochen werden. Er sollte zum 25. Jubiläum der Deutschen Einheit stattfinden. Bewusst sah ich die Chance, die sich nicht immer bot – ohne zu wissen, ob es gut gehen und ich die passenden Referenten dafür gewinnen würde. Bewusst war mir auch, mit verpassten Chancen lebt es sich schlechter, als mit dem einen oder anderen Irrtum.

Indem ich begann, die Konferenz zu organisieren, wurde die Konferenz aus meinem Geist geboren. Ich wollte eine überdurchschnittlich großartige Konferenz, also brauchte ich überdurchschnittlich großartige Redner. Mein Erfolgsprinzip auch bei der Auswahl der Referenten war es, nach den Sternen zu greifen. Denn sobald ich weiter unten – in niedrigeren Hierarchien – ansetzte, bröselten nur so die Absagen aus den hiesigen Ministerien der Bundesländer auf mich ein. Der Machtfaktor zu- oder absagen zu können, spielte hier immer wieder eine große Rolle. Macht bei Anfragen wurde durchweg seitens der Pressesprecher ausgeübt. Sie sagten ja oder nein. Je niedriger das Amt, umso unfreundlicher die Absagen. Wenn ich Ansprechpartner nicht persönlich kannte, war ich ihnen ausgeliefert. Oft ließen sie mich fünf bis sechs Wochen warten, um mir dann eine Absage zu erteilen. Das gleiche galt umgekehrt, je höher das Amt, umso freundlicher die Antworten.

Also griff ich nach den Sternen und schrieb direkt in einem Brief an die Bundeskanzlerin Angela Merkel: *„(...) Ihr Engagement für die Kraft der Freiheit ist federführend. Und federführend kämpften Sie als erste Ostdeutsche im Kanzleramt für die Einheit Deutschlands. Immer wieder betonen Sie, dass sich das Land Deutschland nicht mehr in Ost und West teilt, sondern in strukturell stärkere oder schwächere Regionen. Eine thematische Betonung, die ständig notwendig ist. (...) Sehr ver-*

ehrte, liebe Frau Bundeskanzlerin, besonders aus diesen inhaltlichen Gründen, möchten wir Sie ganz herzlich bitten, die Laudatio anlässlich der Deutschen Einheit auf unserem Kongress zu sprechen. Für unseren Kongress benötigen wir eine starke Rednerin. Ihre rhetorische Stärke – auch als international agierende Rhetorikerin – zeigt sich immer wieder im Reden ohne Floskeln. Und genau das ist es, worauf es uns ankommt. Es wäre eine große Ehre für uns, Sie auf unserer Konferenz begrüßen zu können. (...)"

Und Merkel ist dennoch eine gute Rednerin

Warum wird Merkels Rhetorik eigentlich immer so stark abgewertet? Ich musste an einen Beitrag im Die Welt-Interview vom 29. März 2016 über Merkels Rhetorik denken. Ein Interview mit Dr. Klaus von Dohnanyi, ein ehemaliger Bildungsminister und vorher ein Erster Bürgermeister der Hansestadt Hamburg. Ich empfand es sehr vermessen, als Klaus von Dohnanyi auf die Frage, ob die Kanzlerin alles richtigmache, antwortete: „Wer macht schon alles richtig, aber sie hat eine lobenswerte Schwäche: Sie ist kein guter Demagoge. Ihre Klugheit und Standfestigkeit übersteigen bei Weitem ihre rhetorischen Fähigkeiten."

Zugegeben, ich dachte früher, Dohnanyi war schon immer ein guter Rhetoriker. Er spricht, wie er schreibt. Schreibe und Wortwahl waren von ihm stets gut überlegt und strategisch vorbereitet. Hinzu kommt und kam schon immer ein ausgezeichnetes Hochdeutsch. Aber spätestens dann, nach dem Beitrag, habe ich gedacht, die rhetorischen Fähigkeiten der Kanzlerin konnte bisher eigentlich keiner toppen. Weder ein ehemaliger Erster Bürgermeister noch ein ehemaliger Bildungsminister, was ja Dohnanyi auch einmal war. Denn schließlich hatte er es nicht vermocht, der Bundeskanzler unseres schönen Landes Deutschland zu werden – wie auch so viele andere angeblich guten Rhetoriker.

Und weil die Kanzlerin schon so lange Kanzlerin war und ist, muss sie doch eine wahrhaft gute Rhetorikerin sein, an der wir uns alle orientieren können, was Sprache, rhetorische Strategie und Klugheit angehen. Ich war jedenfalls froh, sie gefragt zu haben.

Als das unsichtbare Band zweier Frauen wieder in Erscheinung trat

Die Anfrage schickte ich per Kurier – vorher per Fax – direkt an die Bundeskanzlerin. Ich betete an den „lieben Gott", dass sie mir doch zusagen möge. Nach all den Absagen war sie meine letzte und größte Hoffnung. Eine Woche später nahm ich all meinen Mut zusammen und rief im Büro der Bundeskanzlerin an. Es meldete sich die Büroleiterin der Kanzlerin. Sie war ausgesprochen freundlich und wusste genau über mein Anliegen Bescheid. Ich dachte im ersten Moment, dass mir ihre Stimme irgendwie bekannt vorkäme. Bis ich sie dann fragte, ob sie an Weihnachten auch im Dom gewesen wäre und ob sie vorne in der zweiten Reihe vor einer leeren Bank gesessen hätte. Just in diesem Moment begann sie zu lachen. „Waren Sie die Frau, die händeringend noch einen Platz suchte? Ich kann mich an diesen Platzhirsch erinnern." Ich sagte, dass ich ihr damals sehr dankbar war, mich zu ermutigen einfach Platz zu nehmen. Wir unterhielten uns noch eine ganze Weile über Männer und ihre Reviere. Das eigentliche Thema kam zum Schluss und sie sagte von ganz alleine, dass die Kanzlerin sich sehr über diese einfühlsame Anfrage gefreut hätte. Sie meinte, dass ich diesen Brief sehr persönlich und voller Emotionen für die Sache geschrieben hätte. Aber ich solle die Antwort der Kanzlerin abwarten, die in der nächsten Woche bei mir ankommen sollte. Schade, mehr verriet sie mir nicht. Und ich wusste, sie durfte es vermutlich nicht. Aber das war okay.

Umso mehr lief alles runter wie Öl, als ich einen persönlichen Brief mit der Zusage – unterschrieben von der Kanzlerin – einige Tage später in meinen Händen halten durfte. Oh Mann, war ich glücklich. Ich hatte es geschafft. Die Konferenz würde mit Frau Merkel ein grandioser Erfolg werden. Die gesamte Presse würde vor Ort sein. Viele wichtige Gäste kämen. Aufgeregt dachte ich darüber nach, welche Sicherheitsvorkehrungen getroffen werden mussten. Aber das war nicht allein mein Thema. Das Bundeskriminalamt meldete sich bei mir und nahm sich diesem Thema selbstverständlich sofort an.

Als der Präsident meinte, die Bundeskanzlerin würde absagen

Es war schon eigenartig, dass mir bis zum Schluss der hiesige Präsident der Universität, Prof. Dr. Frank Becker, nicht glauben wollte, dass sie käme. „Die sagt sowieso kurz vorher ab. Außerdem wäre sie keine gute Rhetorikerin." Das war seine Antwort auf die frohe Botschaft meiner Zusage. Und bis zum Schluss sagte der Präsident sein Kommen weder zu noch ab und zeigte kein Interesse an der von mir geplanten Konferenz.

Die Organisation der Konferenz war ein großes Unterfangen. Viele Referenten mussten angefragt werden, Sessions in Themen aufgeteilt, Briefings erstellt und die Gäste mit Bedacht ausgewählt werden. Entsprechend der Newtonschen Physik handelte ich nach dem Grundsatz: Wenn man etwas organisieren darf, muss oder will, sollte man alles in seine Einzelteile zerlegen. Und wenn es notwendig wird, die Einzelteile wiederum in seine Teilchen. Also begann ich mich zum kleinstmöglichen Teilchen der Konferenz vorzuarbeiten, jenem Legosteinchen, dass dem Ganzen zugrunde legen sollte. Und dieses Legoteilchen hieß Demokratie. Ich musste mit der kleinsten Einheit der Demokratie beginnen, um das Größte zu entwickeln.

Eine Konferenz ist wie ein Theaterstück, eine gigantische Inszenierung, dessen einzelne Spieler, Sänger und Drehbuchschreiber wie Schräubchen und Rädchen in einer Maschine surrten.

Der Kampf um den Sitzplatz neben der Bundeskanzlerin

Vornehm und bequem gestylt fuhr ich am 2. Oktober schon um 8 Uhr die 10-minütige Strecke ins Adlon, um mich mit einigen Journalisten vorab zu treffen.

Erstaunlich war dann doch, dass der Präsident der Uni eine Stunde vorher sein Kommen zusagte. Becker kam um 9 Uhr an und das erste, wonach er fragte, war die Sitzordnung – mit dem Ziel, dass er mit seiner Gattin neben der Bundeskanzlerin Platz nehmen konnte. Mein Innerstes sagte sofort: „Was für eine Unverschämtheit? Erst will er sich nicht beteiligen oder helfen – noch nicht mal den Brief an die Kanzlerin wollte er unterschreiben – und dann will er sich vor allen Gästen demonstrativ mit seiner Gattin neben die Kanzlerin setzen."

Vehement forderte ich mit langsamer, klarer Stimme meinen Platz mit meinem Mann neben der Kanzlerin. Mehr denn je wusste ich, wenn du ein Revier benötigst, dann nimm es dir. Er konnte nicht anders, als mir schlussendlich diesen Platz zu geben; auch wenn mein Mann nicht neben mir sitzen durfte.

Ja, schon wieder der Kampf ums Revier. Dieses Mal ging es um das Revier neben der Kanzlerin. Mir stellte sich die Frage: Warum ist der so dreist? Bin ich denn nur ein unsichtbares Geschlecht, das gut organisieren kann? Oder, sind alle Frauen immer noch in unserer Gesellschaft unsichtbare Geschlechter? Ich musste an die französische Schriftstellerin, Philosophin und Feministin Simone de Beauvoir denken. Denn sie war es, die in ihren Publikationen Frauen als das unsichtbare Geschlecht beschrieb. Es gibt sogar ein Zitat, das ich auswendig zitieren kann: „An erster Stelle stehe in unserer Gesellschaft der Mann. Er sei es, der wirklich zählt. Der die Welt definiert. Die Frau sei „das Andere", all das, was er selbst nicht ist, aber benötigt, um der sein zu können, der er ist. Und um das sein zu können, was zählt." „Das andere Geschlecht" hieß ihr Buch, das 1949 in zwei Bänden in Frankreich erschien. War es heute immer noch so?

So war es: Der Präsident wollte meine Lorbeeren einstecken. Er war auf mich angewiesen, um zu glänzen. Ich war dazu da, um die Arbeiten zu verrichten, die seiner nicht Wert waren.

Beauvoir hat recht, wenn sie meint: „in dem wir Frauen ökonomisch anders handeln, agieren Männer nach einer anderen Ökonomie. Traditionell verrichten sie das ökonomische Weltbild und denken immer noch, dass die Arbeit der Frau „das Andere" ist. Das, was der Mann nicht tut, doch worauf er angewiesen ist, um tun zu können, was er tut. Um das tun zu können, was zählt." Ja, auch dieses Zitat habe ich mir aus ihren Publikationen gemerkt.

Als der Präsident rannte, als die Kanzlerin kam
Als die Ankunft der Kanzlerin angekündigt wurde, sprang der Universitätspräsident auf und fast stürmend rannte er zum Eingang. Dabei tat er so, als würde er mir die Arbeit abnehmen: „Bemühen Sie sich nicht. Ich hole die Kanzlerin."

Aber wer begrüßt nicht gerne die Bundeskanzlerin. Halb so wild. Da ich noch mit einigen organisatorischen Details beschäftigt war, konnte ich sie auch am Eingang nicht empfangen. Aber just in dem Moment zeigte sich wieder das unsichtbare Band zwischen zwei Frauen: Die Büroleiterin der Kanzlerin informierte mich per SMS, dass sie in zwei Minuten im Saal wäre.

Mit gemäßigten Schritten und autoritärer Langsamkeit betrat die Kanzlerin den Saal. Nach kurzer Begrüßung begann Merkel einen Smalltalk mit mir. „Standen Sie auch im Stau?". Interessierte sie dieses Thema wirklich? Ohne meine Antwort abzuwarten, drehte sie sich nach links, ging weiter und setzte das Gespräch mit mir fort. Sie hatte die Gewissheit, dass ich ihr folgen würde. So war es auch. Zudem hatte ich keine andere Wahl. Ich war ihr ohnehin unendlich dankbar, dass sie gekommen war.

Es ging feierlich zu im kaiserlichen Konferenzsaal des Hotels Adlon Berlin.

In der ersten Reihe, ganz links, saßen renommierte Gäste und die Dekanatsleiter unserer Universität. Auch der Berliner Oberbürgermeister war dabei. Links und rechts – neben der Kanzlerin – saßen Becker und ich. Die Rede der Bundeskanzlerin adelte die Konferenz, die ein großer Erfolg wurde.

In allen Zeitungen wurde über unsere Konferenz berichtet und das Foto von unserer Kanzlerin mit dem Universitätspräsidenten und mir wurde mehrfach gedruckt. Wie gut, dass ich für meinen Platz gekämpft hatte.

Man nehme sich immer die Zeit, eine Frage zu stellen,
nicht immer, eine Frage zu beantworten.
Oscar Wilde

Der Vorstand hatte eine andere Kommunikation erwartet

Die Firmenpolitik ist stärker als der Sachverstand

„Young people don't know anything. Especially that they're young", sagt Don Draper, Kreativ-Chef einer New Yorker Werbeagentur in den Sixties. Er ist der zynische Bürohengst aus der amerikanischen Erfolgsserie „Mad Men". Ein Auslaufmodell der klassischen Männerkaste. Jeder Tag bringt neue Hoffnung – sein Credo. Junge Frauen im Job, hübsch dazu, taugen allenfalls als Anschauungsmaterial – seine Überzeugung.

Zugegeben, ich mochte die Serie. Das Interior, die stilechten Outfits. Hin und wieder bekamen auch ehrgeizige Frauen eine Chance in dieser hedonistischen Welt der Werber. Die Chefs rauchten Kette, tranken Alkohol im Büro und hatten Affären. Lange her, gewiss. Freundschaftlich und locker geht es noch heute in den meisten amerikanischen Unternehmen zu, wobei sexuelle Bemerkungen, ja auch offensives Flirten, mittlerweile verpönt sind. Mehr noch, die internen Hausregeln verbieten alles Anzügliche, da hat man das Gesetz im Nacken.

Der Zerberus wollte Aufmerksamkeit

Nach dem Studium begann ich mit 24 Jahren bei einem Konzern von der Ostküste, erlebte dort unter den amerikanischen Kollegen wie streng das Regelwerk auch in anderen Dingen ist. Subtil und mit Fettnäpfchen gepflastert. Es dauerte eine Weile bis ich die Codes kannte, ich war ja völlig unerfahren. Einmal rauschte ich am Tisch einer Vorstandsassistentin nur mit einem freundlichen Kopfnicken vorbei ins Meeting, ich war in Gedanken, meine erste Präsentation. Ein Fauxpas. Der Zerberus wollte

Aufmerksamkeit: Small Talk. An einem Vorzimmer-Plausch kommt man bei den Amerikanern kaum vorbei. Eine deutsche Kollegin wies mich darauf hin. Beim nächsten Mal lobte ich die Schuhe der Dame, und wir hatten fortan unser Thema. Bis heute pflege ich beste Kontakte mit allen wichtigen Vorzimmerdamen, sie sind die Türöffner oder die Karriereblocker und sie sind sich ihrer Macht bestens bewusst.

Vier Tage nach meinem dreißigsten Geburtstag unterschrieb ich bei einem deutschen Pharmakonzern eine Führungsposition im Bereich Unternehmensstrategie. Ich kam damit direkt in die Schaltzentrale des Konzerns, was ich als riesige Herausforderung ansah. Nur wenige Frauen schaffen es in meinem Alter dorthin. Es gab Werkstudenten, die kaum jünger waren als ich. Da musste man sich gut abgrenzen, ohne gleich arrogant zu erscheinen.

So wie es seine Zeit dauert, Rennpferde zu züchten, dauert es seine Zeit ein Tanker-ähnlich agierendes Unternehmen, wie ich fand, zu optimieren. Ich stürzte mich in die Strategiearbeit, kniete mich richtig rein. Den euphorischen Wind, den ich bei den Amerikanern kennengelernt hatte, fühlte ich noch im Rücken. Das Ganze elektrisierte mich geradezu. Ich tauschte mich eng mit allen Strategen aus, entwarf in kurzer Zeit ein komplexes Projekt und hatte schon den Vorschlag für einen griffigen Namen in der Tasche. Dann kam der Dämpfer. Auf der Zielgeraden, schien nichts mehr wie am Schnürchen zu laufen.

Das Gremium wollte mich grillen

Ich weiß noch, wie ich in den hohen Raum kam, das Vorstandsgremium war versammelt. Ich fühlte mich unglaublich sicher, die Ergebnisse meiner Analysen und das neue Umsetzungsprogramm unangreifbar. Die Zustimmung nur Formsache. Die Hybris der Jugend, Fluch und Segen zugleich, sage ich heute. Nach fünf Minuten brandeten aus der Runde die ersten kritischen Fragen auf. Ich stutzte, blieb aber sachlich und ruhig. Die Fragen wurden schärfer. Jetzt war klar, das Gremium wollte mich grillen. Meine Sachargumente wurden weggewischt, obwohl sie Hand und Fuß hatten. Eine grauenvolle Situation, auf die ich nicht vorbereitet war. Und als dann der Sprecher meinte, „Kommen Sie morgen mal in mein Büro", zitterten mir ganz leicht die Beine. Das war es dann wohl, dachte ich.

Doch statt einer Kündigung kam zu meiner großen Überraschung ein Lob, allerdings mit einer Fußnote. Vom Vorstandsvorsitzenden erfuhr ich, man habe bei meiner Präsentation einen positiven Eindruck gewonnen, da ich trotz des harten Fragenbombardements so ruhig geblieben sei und durchaus gute Punkte gesammelt hätte. Man wolle mich stärken und künftig einen älteren Mentor zur Seite stellen. Internes Mentoring, ehrliches Feedback, Rückenstärkung, warum sollte ich das nicht nutzen?

Dieser erfahrene Kollege machte mich mit der spezifischen Unternehmenskultur vertraut. Sprich, mit den üblichen Fallen, den Hintertüren, der Organisation und der Hierarchie. Verortet auf einer Stabsstelle half er mir als seriöser wie fachlicher Sparringspartner. Durch ihn bekam ich Zugang zu den wirklich wichtigen Fragestellungen. Wir hörten uns gegenseitig zu. Meine unkonventionellen Ideen stießen bei ihm auf offene Ohren. Umgekehrt profitierte ich von seiner Erfahrung. Ein informeller Stakeholder, gut vernetzt im Konzern. Er war damals schon Mitte 50, Key Account Manager, extrem sportlich und zäh. Er hielt Durststrecken durch, auch wenn es wehtat. Von seinem Karriereknick, Jahre zuvor, erzählte er mir vertraulich. Noch ein Detail, was sein Talent wohl am besten spiegelte und auch mir ein paar Geheimnisse aus der Tiefe offenbarte: Er angelte leidenschaftlich, machte Reisen bis in die Wildnis Kanadas, um Lachse zu fischen. Im übertragenen Sinn kann man sagen, er besaß ein Gespür für Strömungen, er konnte auf den richtigen Moment warten und hatte bei all dem den Sinn für den sprichwörtlich „dicken Fisch" nicht verloren.

Ich hatte Fehler gemacht, das lag auf der Hand. Ohne große Korrektur legte ich Prinzipien und Handlungsweisen, die ich im amerikanischen Unternehmen gelernt hatte, im neuen Job zugrunde. Der Vorstand hatte eine andere Kommunikation erwartet. Man wollte nicht nur informiert werden, sondern auch gefragt und berücksichtigt werden. Ich hätte nichts „kalt" in den Vorstand geben dürfen, sondern nur vorab mit allen Stakeholdern abgestimmte Vorlagen bringen dürfen. Keine Alleingänge mehr! Ich hatte gelernt: in diesem Konzern finden auch die besten Ideen nur Gehör, wenn zuvor alle dazu abgeholt wurden und alle Interessenlagen berücksichtigt sind. Die Firmenpolitik ist stärker als der Sachverstand!

*Flirt ist die zarte Kunst, einen Mann mit sich selbst
zufrieden zu machen.*
Henry Augustus Rowland

Übers Flirten oder die schwere Kunst Komplimente zu machen

Wedeln mit dem Ehering

Durch mein sportliches Äußeres fiel ich auf. Um mich herum nicht wenige Kollegen, die mit ihrem in die Jahre gekommenen Ehering am Finger wedelten, um Seriosität zu vermitteln, gleichzeitig aber massiv flirteten.

Ob auf Empfängen, Konferenzen, Meetings oder im Büro. Ich ging nicht darauf ein, auch dann nicht, wenn sie mir ein Lob machen wollten, das im Flirt-ton ausgesprochen wurde.

Ich bin mir sicher, dass meine Kollegen zum Teil wenig Übung mit Frauen in Führungsposition hatten und daher etwas unbeholfen mit mir sprachen, wie mit ihren Frauen.

Und leider habe ich zu oft erlebt, dass Männer mit ihren Büroeroberungen als große Hengste gefeiert wurden, während Frauen schnell einen ganz unguten Ruf bekamen.

Willkommen im 21. Jahrhundert.

Selbst der Schein des Guten an anderen muss uns wert sein;
weil aus diesem Spiel mit Vorstellungen, welche Achtung erwerben,
ohne sie vielleicht zu verdienen, endlich wohl Ernst werden kann.

Immanuel Kant

Zeige mir deinen Parkplatz, und ich sage dir, wo du im Unternehmen stehst

Weniger ist manchmal mehr

Ich erinnere mich an eine Situation auf dem Firmenparkplatz. Hochpreisige Autos klebten nebeneinander, die neuesten Modelle. Zeige mir deinen Parkplatz, und ich sage dir, wo du im Unternehmen stehst – mehr Standesdünkel als auf einem Firmenparkplatz kannte nur die Aristokratie des 19. Jahrhunderts. Ich also mit meinem alten Golf – in der Welt des mobilen Testosterons ein geradezu lächerliches Fahrzeug – auf meinen festen Stellplatz direkt vor dem Eingang. Ein Parkplatz – mit Namensschild! Ich war für alle sichtbar, recht weit oben in der Hierarchie. Neben mir kam ein schwarzer Zweisitzer zum Stehen, Herr M., Chef der Marketingabteilung, konsequent viril, schälte sich heraus, und band mir gleich ein Gespräch über das Segeln auf. Sein Hobby, ein eigenes Boot in einem niederländischen Hafen.

Wir kannten uns flüchtig. Das Image der Sportskanone pflegte er mit Impertinenz. „Schöne Haare", sagte er fast anzüglich. „Wer hat, der kann", deutete ich auf seinen fast kahlen Kopf. Herr M. parierte, indem er die sechs Stockwerke nach oben zu laufen vorschlug. Ich nahm die Herausforderung an, hier ging es allein darum, mir seine Übermacht zu demonstrieren, das war offensichtlich. In der vierten Etage schnaufte der Kerl bereits so kurzatmig, dass ein Gespräch kaum noch möglich war. Er machte regelrecht schlapp, hatte sich völlig überschätzt. Andere wurden aufmerksam, boten ihm im fünften Stock ironisch Hilfe an.

53

Später erzählte er in der Kantine etwas von „Segel-Knie", was beim Tennis der Arm, sei beim Segeln eben das Knie.

Merke: Wer sich weit aus dem Fenster lehnt, muss seine Kräfte genau kennen. Manchmal ist weniger Image aufbauen, die bessere Methode nach oben zu kommen.

Leider war letztlich ich der Verlierer, denn ich hatte in ihm fortan einen erbitterten Feind, der mir das Leben immer schwermachte, wenn er es konnte.

Alles auf der Welt kommt auf einen gescheiten Einfall
und auf einen festen Entschluss an.
Johann Wolfgang von Goethe

Wie ich meine Marke aufbaute

Schokolade hilft – in allen Lebenslagen

Die von mir maßgeblich entwickelte und angestoßene Strategie, ausgerichtet auf medizinische Innovation und nachhaltiges Wachstum, konnte sich im Konzern sehr gut positionieren. Ich arbeitete international, wobei wir stets so vorgingen, dass zunächst der CEO präsentierte und ich anschließend die operative Planung im Detail vorstellte. Dabei sahen die Top100-Treffen immer gleich aus: unendliche PowerPoint-Präsentationen, die alle optisch gleich aussahen und deren Ursprung sicherlich vom Foliendeck einer Strategieberatung herrührte.

Meine Idee, die Präsentation mit der Erfolgsgeschichte einer Schokoladenmanufaktur zu eröffnen, erwies sich dabei als Door Opener. Ich hatte mich zuvor intensiv mit Präsentationstechnik und Storytelling auseinandergesetzt und wollte bewusst neue Wege gehen, mich vom Einheitsbrei absetzen. Die Geschichte berührte emotional, das war ein neuer und auch mutiger Ansatz. Meine zwei Kollegen rieten mir, es wie immer zu machen. Sie hatten Sorge, dass ich mich lächerlich machte. Ich blieb aber von meinem Ansatz überzeugt und hatte sogar echte Schokolade dieser Marke dabei. Ein Brainteaser, der zeigte, dass von erkanntem Talent ein enormes Potential ausgehen kann. Die Story? Ein Kellner startete autodidaktisch als Schokolatier durch. Überzeugt, dass Innovation immer auch ein Regelbruch mit den Gesetzen sein muss, die von außen diktiert werden, machte er innerhalb weniger Jahre Millionenumsätze. Seine Schokolade ist heute ein Inbegriff für Nachhaltigkeit und Ökologie. Die Resonanz bei unseren Präsentationen war durchweg positiv, nicht zuletzt, da jeder Schokolade liebt und Geschichten à la „vom Tellerwäscher bis zum Millionär" auf der ganzen Welt gern gehört werden.

Die Schokolade und das Storytelling wurde fast so etwas wie mein Markenzeichen, jeder kannte mich im Unternehmen und im Zuge dessen auch das Strategieprojekt. So konnte ich über eine positiv besetzte Marke, ein Markenversprechen gewissermaßen, letztlich meine eigene „Marke" entwickeln. Ich galt nun als talentierte und überzeugende Geschäftsführerin, die sich traut neue Wege zu gehen.

Die Schokolade und die Story dazu stellten den Schlüssel dar. Unser konkreter Businessansatz stand für den weiten Raum dahinter. Trockene Fakten hätten dies niemals so schnell erreichen können.

Eine tolle Erfahrung, die ich machen durfte und die mir einen großen Selbstbewusstseinsschub gab. Ich wagte etwas völlig Neues, Spielerisches, was sicher ein Stück weit im besten Sinne verrückt war: ich machte hochanalytischen Entscheidern den Mund mit Schokolade wässrig – und sie bissen mit Begeisterung an.

Bis heute, im Topmanagement, bereite ich mich akribisch auf meine Präsentationen vor. Die Fähigkeit, hervorragende Präsentationen zu liefern und andere für meine Themen zu gewinnen, war immer ein wichtiges Puzzlestück in meiner Karriere.

„Wenn sich eine Tür schließt, öffnet sich eine andere;
aber wir sehen meist so lange mit Bedauern auf die geschlossene Tür,
dass wir die, die sich für uns geöffnet hat, nicht sehen."
Alexander Graham Bell

Im Kreuzfeuer politischer Machtstrukturen

Wie ich in einen Stellvertreterkrieg geriet

Es war passiert! Ich fühlte mich überfordert, unzulänglich und teils in-kompetent. Ich hatte versagt.

Ich wusste, ich war als Personalleiterin gescheitert. Gescheitert, weil ich zu viel auf einmal wollte. Gescheitert, weil ich allen zeigen wollte, wie ich es besser könne. Gescheitert, weil ich politische Zusammenhänge unterschätzt habe – und das trotz vorhergegangener langjähriger und erfolgreicher Karriere.

Im Nachhinein weiß ich, ich war in eine Struktur hineingeraten, die sehr schnell Besitz von mir ergriff.

Das ganze Dilemma begann, als ich beschloss nach 11 Jahren in einem Autokonzern, das Unternehmen zu wechseln und neu in einem Technolo-giekonzern als Personalleiterin einzusteigen. Ich hatte die Nase so richtig voll. In den letzten vier Jahren wechselte viermal der CEO.

Das neue Unternehmen und die neuen Herausforderungen waren spannend für mich. Das breite Portfolio der Unternehmens-Gruppe um-fasste diverse Geschäftsbereiche in etlichen Sparten. Das Unternehmen bestand aus mehreren GmbH's und firmierte vor einigen Jahren zur AG als Management Holding.

Meine Aufgabe als Personalleiterin war es, einen komplett neuen HR-Bereich zu entwickeln. Das hieß auch, mehrere Mitarbeiter neu aufzu-bauen. Die Aufgabe bestand darin, alle Personalmanagement-Prozesse neu zu bestimmen und Tätigkeiten neu aufzulisten, um diese in einem Katalog der HR-Aufgaben neu einzuordnen. Und all das musste natürlich an die neue Unternehmensstrategie angepasst werden. Ich sollte hierbei Standard-Prozesse etablieren und die vielen GmbH's unter einem Dach prozessual vereinen. Selbst der Aufsichtsrat hatte mir bei meiner Einstellung klare Pflichten ins Heft diktiert, die Erwartungshaltung war groß.

Dass es Meinungsverschiedenheiten zwischen dem Vorstandsvorsitzenden und seinem Stellvertreter gab, war mir bekannt, das Ausmaß des Problems habe ich aber leider unterschätzt. Erst nach und nach erkannte ich das Ringen um Überlegenheit, Sieg oder Niederlage.

Wie das Ringen um Überlegenheit, Sieg oder Niederlage begann
Das Unternehmen befand sich seit einem Jahr in einer schwierigen Situation. Mehrere rechtlich selbstständige Unternehmen fusionierten zu einer wirtschaftlichen und rechtlichen Einheit. Das stellvertretende Vorstandsmitglied, Michael Huber, war früher CEO des größten aufgekauften Unternehmens. Wenn das Unternehmen nicht zweistellige Umsatzeinbußen verzeichnet hätte, hätten sie es niemals verkauft. Vertraglich wurde damals mit dem CEO, Thomas Marx, geregelt, dass Huber als Vize einsteigen sollte.

Die Zusammenlegung beider Unternehmen zog einen großen Sanierungs- und Restrukturierungsprozess mit sich. Beide Herren waren jetzt gezwungen, zusammenzuarbeiten und zusammenzuführen. Beide waren Alphatiere und wollten Nummer Eins sein. Und beide Herren waren geprägt von eigenen Organisationskulturen, was nach einer Zusammenlegung, Irritationen und Missverständnisse nach sich zog. Auch wenn zwischen CEO und Vize getrennt wurde, wurde vertraglich eine Doppelspitze vereinbart.

Der Kampf zwischen beiden war somit vorprogrammiert. Und es entstanden regelmäßig Irritationen zwischen einem – ich würde sagen – zentralistischen und einem konfliktorientierteren Führungsstil.

Mit der Übernahme des ehemaligen CEO's des aufgekauften Unternehmens sollte natürlich in erster Linie der Schein gewahrt und eine Demotivation der Mitarbeiter verhindert werden. Gute Mitarbeiter wollte man behalten. Den Mitarbeitern beider Organisationen sollte vermittelt werden, dass beide Unternehmen wichtig sind und das mit der Leitung auch repräsentieren.

Problematisch waren in erster Linie zwei unterschiedliche Unternehmenskulturen, die über Jahrzehnte die jeweiligen Unternehmen beherrschten.

Hinzu kam, dass der Aufsichtsrat einerseits von mir erwartete, dass die beim Kauf identifizierten Synergien realisiert, d.h. dass zügig und kostenbewusst Personal abgebaut wurde. Andererseits sicherte der Aufsichtsratsvorsitzende den Arbeitnehmervertretern im Aufsichtsrat zu, dass keine großen Einschnitte erfolgen würden. All das verstand ich aber erst später, da ich ja nur für kurze Slots an den Aufsichtsratssitzungen teilnahm.

Dennoch war ich auf die Herausforderung gespannt, die neue HR-Struktur in diesem Veränderungsprozess aufzubauen – getragen von unterschiedlichen Kulturen. Ich hatte so viele Ideen für die Herangehensweise, dass ich es kaum erwarten konnte, diese umzusetzen.

Wie sich zeigte, waren beide CEO's nicht in der Lage, sich intern an die jeweils andere Kultur anzunähern. Was sie selbstverständlich nach außen so nicht wiedergaben.

Wie ich mich als Raum-Gebende und Kompromiss-Suchende mit zu viel Sachlichkeit in den Kämpfen verstrickte

Warum ich von meiner Persönlichkeit her, eher als Raum-Gebende, Kompromiss-Suchende handelte, war vermutlich in dieser Struktur ein Fehler. Möglicherweise auch deshalb, weil ich neu im Unternehmen war und weil ich mich in erster Linie auf meine Aufgaben konzentrierte. Denn mit diesen Eigenschaften gelang ich, ohne dass ich es bemerkte in einen sogenannten „Stellvertreterkrieg" hinein.

Der CEO, Thomas Marx, war ein harter Kerl. Mittelgroß, schwarzhaarig und mit dunklen beweglichen Augen. Sein Markenzeichen: auffallende Brillen mit farbigen Umrandungen, die er ständig wechselte. Ich glaube, zuhause musste er mindestens fünfzig Brillengestelle in dieser Art liegen haben. Von Anfang an fiel es mir nicht leicht, mit ihm umzugehen oder mit ihm zu kommunizieren. Selbst wenn er direkt vor mir stand, war er meilenweit von mir entfernt. Alle Vorstandsmitglieder und Führungskräfte hatten Respekt vor ihm. So wie auch ich. Sein Vertrauen schenkte er nur den wenigsten.

Hatte ich etwas Falsches gesagt? Als ich merkte, dass etwas nicht stimmte
Ich erinnere mich an eine Situation, die mich nach einem Gespräch mit ihm, erstmalig ziemlich nachdenklich in Bezug auf meine Tätigkeit machte – aber auch durcheinanderbrachte. Motiviert und gutgelaunt stand ich an einem Freitagmittag nichtsahnend in seinem Büro und schaute ihm, während ich ihm neue Ideen vorschlug, direkt in die Augen. Warum schaute er mich so lange an? Seine Augen schienen sich auf einmal etwas zu verkleinern, scharf und mit spitzen Pfeilen durchbohrten sie mich. Und zwar so sehr, dass mein Herz blitzartig lauter zu klopfen begann. Hatte ich etwas Falsches gesagt? Augenblicklich spürte ich intuitiv, dass hier irgendetwas nicht stimmte und dass Gefahr drohte. Aber was war es? Wollte er keine neuen erfolgreichen HR-Ansätze? Ernst und bissig, scharf und kompromisslos erschien er in diesem Moment. Unsicherheit kroch in meinen Körper hinein. Mein Mund wurde trockener und trockener. Warum sagte er nichts?

Zwei Wochen davor sprach ich mit Vize Torsten Huber, der mir klar und deutlich erklärte, dass er ordentliche Ergebnisse von mir und meinem Team erwartete. Warum reagierte Marx so anders – so verhalten? Endlich antwortete er: „Ich weiß, wir müssen mit der Fusion viel verändern und dafür haben wir ja schließlich Sie berufen. Ich muss mich auf die Sanierung konzentrieren und sie kümmern sich um die HR-Strategie; wir müssen ja auch noch 300 Mitarbeiter entlassen", sagte er dann grüblerisch. „Was? 300 Mitarbeiter auf einmal – es war doch von 100 Mitarbeitern die Rede? Warum erfahre ich das jetzt erst? Ich müsste die erste sein, die es wissen müsste; seitdem ich hier angefangen habe, bekomme ich wichtige Infos immer erst am Rande mit", entgegnete ich angespannt und begann nervös mit den Füßen zu tippen: rechts, links, rechts, links. „Huber sollte es Ihnen doch sagen. Gut: Deshalb sage ich es Ihnen ja jetzt – ach so und fragen sie doch Huber, ob die Verträge fertig sind", sagte er, indem er aufstand und sein Büro verließ. „Welche?", rief ich ihm hinterher. Er drehte sich um und meinte „Huber – weiß schon. Na die Verträge für die neuen Mitarbeiter."

Ich stand ebenso auf und ging nachdenklich in mein Büro. Fragen gingen mir durch den Kopf: Welche neuen Mitarbeiter? Und warum fragte er ihn nicht selbst? So ging es die ganze Zeit. Immer, wenn ich in seinem Büro war, sollte ich Huber hinterher irgendetwas mitteilen. Und ich machte es mit. Warum eigentlich? Vorstand und Stellvertreter setzten sich nicht direkt auseinander, sondern immer mehr Themen – manchmal Probleme – wurden über mich erledigt und ausgetragen. Ich hatte den Eindruck hier stimmte irgendetwas nicht. Ehe es mir richtig bewusst wurde, mutierte ich quasi zur dritten Person im Hintergrund des Machtkampfes zwischen den beiden Herren.

Wie ich versuchte, mich immer wieder auf meinen Bereich zu konzentrieren und dennoch abgelenkt wurde

Wie sollte es mir so gelingen, einen schlagkräftigen Personalbereich aufzubauen? Und das noch innerhalb verschiedener Unternehmenskulturen? Nein, sagte ich mir, halte dich damit nicht auf und konzentriere dich auf deinen Bereich. Was sich allerdings in der Realität sehr schwierig erwies.

Weitere Wochen rannte ich gegen Wände. Immer, wenn ich meinen Computer anschaltete oder auf mein Smartphone schaute, erwarteten mich zahlreiche E-Mails. Was war hier los? Jedes Mal musste ich alles als gelesen bestätigen. Alle E-Mails waren in cc. gesetzt. Manchmal hatte ich den Eindruck, gar nicht mehr fertig damit zu werden.

E-Mails an Huber von Marx wurden oft so formuliert:

„Am 08. Mai haben Sie mir den Vorschlag unterbreitet, den Produktionsstandort in Marburg zu schließen. Nach ausführlicher Diskussion hat sich eine Mehrzahl der Vorstände gegen diesen Vorschlag entschieden. Wir bitten Sie daher, den Vorschlag als Anregung für eine Überlegung zur Weiterentwicklung des Unternehmens anzusehen, der die Mehrheit des Vorstandes aber nicht folgen möchte."

Warum ging er so mit Hubers Vorschlägen um? Huber ließ sich dann andere Methoden einfallen und schlug entsprechend zurück. Auch bei Entscheidungen wurde ich nicht direkt befragt, sondern nur beiläufig. Aber warum wurden alle wichtigen Dinge nur beiläufig mit mir besprochen? Warum wurde ich so ausgegrenzt und dann wieder benutzt? War die Erarbeitung einer neuen HR-Strategie nur aus Imagegründen notwendig?

Wenn ich kam, verstummten alle

Ich dachte an die letzten Vorstandssitzungen, an denen ich teilnahm; und Meetings, die auch nicht besser verliefen. Immer wenn ich den Raum betrat, verstummten auf einmal sämtliche Randgespräche der anderen Vorstandsmitglieder. Als ob ich bestimmte Informationen nicht hören sollte.

Ich merkte immer mehr, Huber und Marx befanden sich seit der Fusion in einem Machtkampf und die Nervosität im Konzern wurde immer größer. In allen Sparten herrschte Sanierungsbedarf. Große Umsatzeinbußen wurden vermeldet. Und mitunter konnte ich nicht genau einschätzen, was sich direkt abspielte. Das Unternehmen stand so schlecht da, für Machtkämpfe war prinzipiell keine Zeit.

Ich fühlte mich, wie die Schippe zwischen beiden Sandburgen

Manchmal hatte ich den Eindruck, dieser Kampf würde den beiden sogar Spaß machen. Hauptsache im Kampf. Nach der Maxime: Wenn du meine Sandburg kaputt machst, mache ich deine Sandburg kaputt. Und ich fühlte mich wie die Schippe zwischen beiden Sandburgen.

„Es ist nicht unwahrscheinlich, dass angesichts der angespannten Situation im Unternehmen und der nicht absehbaren Aussicht auf Besserung Köpfe rollen", sagte einer der Aufsichtsräte zu mir. Und was tat der Vorstand dagegen? Anstatt zusammenzurücken und den Aufsichtsrat geschlossen auf einen gemeinsamen Kurs einzuschwören, zerfleischten sich die Bosse. Der Verlierer des Kräftemessens würde den Konzern wohl verlassen müssen.

Beide hatten das Ziel, alleiniger CEO zu werden

Damals sah es für mich so aus, dass Huber den Kürzeren ziehen würde und innerhalb eines halben Jahres mindestens teilweise entmachtet werden würde. Marx beeinflusste mit seinen unterschwelligen Intrigen gegen Huber alle Vorstandsmitglieder – aber auch die Aufsichtsräte. Huber war ebenso geübt und wusste darauf zu reagieren. Und ich versuchte ständig Kompromisse zwischen den beiden zu finden.

Dieser Kampf wirkte sich natürlich indirekt auf die Mitarbeiter aus und Kritik wurde von unten immer lauter. Diese Kritik landete dann entsprechend auch bei mir. Waren beide mit einer Intrige beschäftigt, zogen sie mich mit ins Boot, damit sie mit Personal-Management ihre Intrigen begründen konnten.

Um Huber zu foppen, kam Marx manchmal mit Ideen, die weder Hand noch Fuß hatten. In einem internen Meeting sagte er, beispielsweise einmal ganz deutlich, dass wir uns auch innerhalb der Sanierung neu orientieren müssten, um global mitreden zu können und wir bräuchten starke Partner, am besten in den USA. Huber wippte schließlich hin und her und sagte zögernd „Naja, wir haben kaum Reserven und um ein weiteres Unternehmen zu kaufen, sind wir doch viel zu schwach bestückt. Wir müssen uns erst einmal selbst sanieren, restrukturieren und alle Mitarbeiter mitnehmen – deshalb ja die neue HR-Strategie." Marx grinste breit und antwortete mit der ihm eigenen Arroganz: „Das meinen Sie. Aber ich will dennoch Partner in den USA. Es gibt nur zwei Unternehmen, die für uns in Frage kommen. Damit leiten wir eine ganz neue Kultur ein." Alle Vorstandsmitglieder stimmten ihm zu, weil er sie vorher schon wieder dazu ins Boot geholt hatte. Während Huber rhythmisch hin und her wippte, da er anlässlich derartiger euphorischer und unrealistischer Visionen immer nervöser wurde.

Ich stimmte weder zu noch lehnte ich ab. Ich war ja relativ neu, hielt mich zurück. In Gedanken bei meiner HR-Strategie, dachte ich nach, welche Rolle diese dabei spielen sollte. Als ich jedoch von Marx dazu gefragt wurde, sagte ich: „Wir müssen die Mitarbeiter dann auch hierbei mit ins Boot holen, sie werden unsere Absichten in der derzeitigen Situation nicht verstehen." Marx sah mich scharf an – während Huber sich räusperte. In dem Moment fühlte ich mich wie die Frau, die die Balance zwischen dem Kämpfer-Duo störte. Auf einmal schlugen beide auf mich ein. „Frau Kessler, sagen Sie uns doch nicht etwas, was wir schon längst wissen. Wie weit sind Sie denn mit der Darlegung der HR-Prozesse des Konzerns. Und die Gliederung des HR-Kataloges, den Sie mir vorgelegt haben, gefällt mir überhaupt nicht", so Marx. „Das muss unbedingt überarbeitet werden, die kulturellen Aspekte müssen mehr Berücksichtigung finden", fügte Huber hinzu.

In der gesamten Sitzung ging es dann nur noch um meine bisherigen HR-Aktivitäten. Alles wurde bis ins letzte Detail kritisiert. Voller Anstrengung versuchte ich mich, für alles Bisherige zu rechtfertigen. Am Ende des Meetings erschien es mir so, als müsse ich noch mal von vorne anfangen. Meine Energie schien am Ende zu sein.

Was war hier los? Warum wurde ich auf einmal so kritisiert. Ich hatte doch nur eine kleine Bemerkung gemacht, die plötzlich zum Thema der gesamten Sitzung wurde. Später wusste ich, diese kleine Anmerkung reichte aus, um den Machtkampf zu stören. Ich wurde zum Opfer und der Kampf wurde über mich stellvertretend ausgetragen.

Wie um die Macht gekämpft wurde
Marx wusste zu kämpfen und zu beeinflussen. Ständig achtete er darauf, alle relevanten Stakeholder mit ins Boot zu holen. Am Rande bekam ich mit, dass er sie einzeln immer wieder zu sich nach Hause einlud, um sich vermutlich immer wieder deren Stimmen – vor allem auch gegen Huber – zu sichern.

Huber reagierte anders – aber nicht weniger kampfesunlustig. Er war gerissen und wusste, die Autorität des Vorstandsvorsitzenden beruhte weitestgehend auf der Bereitschaft der relevanten Stakeholder.

Während Marx im Hintergrund agierte, versuchte Huber, transparent mit den Stakeholdern zu agieren. Ich agierte mit meiner Arbeit, was sich später als großer Fehler herausstellte. Immer wenn ein Konflikt überbrodelte oder sich die beiden in einer Patt-Situation befanden, benutzten sie mich und meine Projekte als Blitzableiter. Keiner konnte sich soweit durchsetzen, um zu gewinnen.

Patt entstand, weil sich die beiden nicht mehr absprachen, um als Einheit zu fungieren. Manchmal beförderten sie sogar organisatorische Desintegration meiner Bereiche, um unproduktive Konflikte heraufzubeschwören. Und ich befand mich voll und ganz in diesem Konfliktkampf. Sämtliche Arbeitsschritte in Bezug auf meine HR-Strategie wurden immer wieder, wenn es angebracht war, in Frage gestellt.

Der gesamte Vorstand und die Führungsmannschaft standen damals unter ständigem Druck: Im ersten Quartal 2016 hatte das Unternehmen

1,9 Milliarden Euro Umsatz gemacht, 160 Millionen weniger als im ersten Quartal 2015. Auch einige Tochtergesellschaften meldeten Umsatzeinbußen.

You don't know what you don't know
Ich war Neueinsteiger und hatte den Kampf zwischen den beiden zu spät erkannt. Generell glaube ich heute, wenn man als Neueinsteiger in einem neuen Unternehmen beginnt, gibt es keine Chance, die Kampfsituation allein bzw. rechtzeitig zu erkennen: You don't know what you don't know.

Wenn man in einer solchen Situation nicht einen starken CEO oder einen Promoter im Vorstand hat – wird es sehr schwer. Das war auch mein Fehler, ich habe die anderen Vorstände nicht als Freunde gewinnen können und dachte Anerkennung erreiche ich mit perfekten Leistungen. Aber meine Leistungen zählten nicht.

Damals und auch noch heute überlege ich oft, ob ich es hätte erkennen können und muss sagen, zumindest in dieser Situation, wäre es nicht möglich gewesen. Denn unterschwellig lief hier so vieles ab, dass es längerer – ich würde fast sagen psychologischer Analysen – bedarf.

Dennoch weiß ich heute ganz genau, ich hätte mich nicht nur auf meinen fachlichen Bereich konzentrieren dürfen, sondern ich hätte mir Zeit nehmen müssen, die politische Vorstands-Situation besser kennenzulernen. Das wäre wichtiger gewesen – als die fachliche Arbeit. Auch hätte ich die entsprechenden Stakeholder für meine Interessen mit ins Boot holen sollen: Alle Vorstände und die wichtigsten Führungskräfte – wie auch die Aufsichtsräte. Wahrscheinlich hätte ich auch mich viel kritischer mit dem Unternehmen auseinandersetzen sollen, bevor ich das Jobangebot dort annahm.

Mit heißem Bemühen kämpfte ich gegen Windmühlen
Ohne dass ich es wollte, kämpfte nun auch ich. Und Fakt ist, durch diesen Konflikt kam auch meine gesamte Sache unter die Räder. Alles wurde sabotiert und blockiert. Und das alles nicht offen – sondern verdeckt. Ich wurde als neutrale Dritte für die jeweiligen Zwecke der Herren für deren Intrigen funktionalisiert. Die gesamte Produktivität meines Berei-

ches schien lahmgelegt. Alle machten mit und niemand wollte Verräter der jeweiligen Bosse sein.

Marx und Huber waren beide gescheitert. Ständig wollten sie ihre Macht demonstrieren, weil sie mit allen Überzeugungs-, Einbindungs- und Motivationsbemühungen scheiterten und schließlich die Geduld verloren. Aus ihrem sachlichen Machtengagement wurde ein heftiger emotionaler Kampf.

Ob CEO oder Vize – beide wollten ihre eigenen Strategien im Zuge der Sanierung durchsetzen. Marx kritisierte Huber immer stärker – und umgekehrt kritisierte Huber Marx. Es ging nicht mehr um die Sache, es ging um den Kampf der Gegenteile. Huber wollte die neue HR-Strategie und Marx wollte sie verhindern, weil sie Huber wollte. Nur nach außen tat er so, als wäre sie besonders wichtig und er würde ja somit im Sinne der Mitarbeiter handeln. Hubers Vorschläge kritisierte er scharf, mit starken Beleidigungen.

Mehr und mehr bildeten sich Partikularinteressen heraus. Die Ansprüche haben sie damit aus dem Blick verloren. Sie verhedderten sich in zahllosen verdeckten und auch offenen Machtkämpfen, die sie selbst provozierten. Kam es zum Patt, wurde ich die Dritte im Bunde und der Machtkampf verlagerte sich stellvertretend auf mich.

Die anderen Vorstandsmitglieder waren vorsichtig und hatten wenig Schnittmengen mit den beiden Rivalen. Marx war zur brachialen Durchsetzung struktureller und kultureller Veränderungen entschlossen – wie Huber ebenso.

Ich wusste nicht, wer ein besseres Konzept hatte. Keiner war vom anderen überzeugt. Passive und verdeckte Widerstände wurden täglich ausgetragen. Die Kämpfe ließen sich nicht brechen – nicht einmal greifen, sondern sie waren glitschig wie viele Fische und glitschten mir zwischen den Fingern hindurch.

Wie ich beobachtete, wie sich beide hartnäckig gegen den anderen widersetzten
Die starken Meinungsverschiedenheiten zwischen den beiden eskalierten immer mehr. Es bestanden mittlerweile Unstimmigkeiten zu sämt-

lichen Sachfragen. Huber wollte diese Sanierungsstrategie und Marx eine andere. Beide widersetzten sich hartnäckig gegen den anderen. Auf beiden Seiten entstand zunehmende Frustration und Verärgerung: sachliche Meinungsverschiedenheiten entwickelten sich immer wieder zum persönlichen Konflikt.

Und niemand hatte irgendwie überhaupt noch Interesse an meiner HR-Strategie und den Personalthemen. Alles was ich vorlegte, wurde blockiert oder ausgemerzt. Was der eine gut fand, fand der andere schlecht.

Vieles zeigte sich auch in der Art des Miteinander-Umgehens. Marx nahm stets gegenüber dem anderen eine Überlegenheitspose ein und behandelte Huber in Meetings vor den anderen herablassend und demütigend. Seine Argumente entwertete er immer wieder. Huber war vor die Wahl gestellt, sich das entweder gefallen zu lassen oder dagegen anzukämpfen. Er entschied sich für das zweite und kämpfte mit anderen Mitteln, die auch gesessen haben. Er handelte ebenso.

Riesige Anteile an Arbeitszeit wurden auf diese Weise verschlungen und große wirtschaftliche wie auch menschliche Schäden entstanden.

Wenn Huber in einer Besprechung das Gefühl hatte, unangemessen behandelt worden zu sein, dann interessierte ihn nicht mehr, wie wichtig das Ergebnis dieser Besprechung für das Unternehmen selbst sei. Seine Aufmerksamkeit richtete sich auf die Frage, wie er sich wieder in eine ihm angemessene Position bringen konnte – und wie er Marx für seine Attacken und Intrigen später bestrafen konnte.

Für die anderen ging es nicht darum, wer recht hatte, sondern, wer die Macht hatte

Spannend war auch die Sitzordnung der Vorstände. Je nachdem, wer gerade mächtiger war, bei dem platzierte man sich. Manchmal bei Marx, dann wieder bei Huber. Es ging nicht darum, wer recht hatte, sondern es ging darum, wer die Macht hatte.

Es gab kaum noch Besprechungen, die unbelastet von persönlichen Dingen waren. Überall lauerten Tretminen, und ich musste aufpassen, nichts Falsches oder nichts Richtiges zu sagen, denn sobald das passierte, loderten verdeckte Machtkämpfe auf. Niemand gönnte dem anderen irgendwelche Erfolge. Und manchmal ging es um so banale Dinge wie, wer wem an der Tür den Vortritt lässt. Konnten sie sich nicht einigen, wurde ich zum Opfer.

Als ich aufgab

Dieses Mal war ich das erste Mal im Topmanagement und durfte an vielen Vorstandssitzungen teilnehmen. Ich musste feststellen, wie kraftaufwendig es ist, aus dieser Position heraus zu agieren.

Die Beziehungen verhärteten sich immer mehr, sodass ich später selbst die Zusammenarbeit beendete, weil ich es hier nicht mehr aushielt. Aber auch aus Angst um mich selbst, denn psychisch fühlte ich mich zum Schluss immer ausgelaugter.

Natürlich war es schwer zu akzeptieren, dass es hier unmöglich war, neue Strategien zu entwickeln, aber für mich war das die beste Lösung und das größte Learning.

Bis heute fühlt es sich wie ein Versagen an, obwohl mein Verstand weiß, dass ein Erfolg unter diesen Rahmenbedingungen kaum möglich war. Ich bin daher sehr froh, seit vielen Jahren in einem Inhaber geführten Unternehmen zu arbeiten, das sachgetrieben agiert. Ich habe wieder zu meiner alten Form zurückgefunden, habe Erfolge und bin ein akzeptiertes Mitglied im Führungsteam. Hier bleibe ich noch eine Weile.

Wir haben eine solch große Idee von der Seele des Menschen,
dass wir es nicht ertragen können,
von einer solchen verachtet zu werden,
und nicht in ihrer Achtung zu stehen;
alles Glück der Menschen besteht in dieser Achtung.
Blaise Pascal

Mach deinen Chef zum Held!

So bekommst du alle Freiheiten

Wir alle wissen, dass wir uns Anerkennung und Respekt nicht kaufen können. Wir wissen auch, dass es nicht einfach ist, Anerkennung und Respekt zu erhalten. Anerkennung und Respekt erhielt ich, weil ich eine Idee entwickelte, die meinen Chef zum Held machte. Denn Helden tauchen nicht einfach auf, sie werden gemacht.

Ich wurde zur Krisensitzung des Personalvorstandes einberufen. Sein Name: Detlef Weiss. Er ist derjenige, der es ohne Studium geschafft hatte, Personalvorstand zu werden. Er ist derjenige, der bereits dreimal verheiratet war. So wie er wirkte, würde man ihm eine große Karriere und drei Hochzeiten nicht zutrauen. Ein kleiner hagerer Mann. Unauffällig in seinem Auftreten.

Ich ging auf ihn zu, um ihn zu begrüßen. Er gab mir zwar die Hand, schaute mir dabei nicht in die Augen, sondern sprach schon im nächsten Moment mit meiner Chefin, die hinter mir stand. Es ärgerte mich, dass er mich nicht anschaute. Darüber hinaus fand ich es ausgesprochen unhöflich. Indirekt zeigte mir das natürlich, wie viel Interesse und Respekt er vor mir hatte.

Weiss machte es sich am großen Konferenztisch des geräumigen Sitzungszimmers bequem. Und mit ihm auch wir. Wir? Das war ein Team aus acht Personalern. Ebenso zeigte die Chefin der Kommunikationsabteilung Anwesenheit. Die angespannte Atmosphäre ähnelte einer aufgeregten Schulklasse, die von Problemen nur so bestückt war. Weiss schien wie ein verstimmter Ober-Lehrer, der zum Handeln gedrängt wurde.

Ursache des ganzen Rummels war die heutige Presse. Die Ergebnisse der Mitarbeiterbefragung hatten es ans Licht der Allgemeinheit geschafft. Die wiederkehrend schlechten Werte der Mittarbeiterzufriedenheit fanden nun im Lichte der Öffentlichkeit plötzlich Bedeutung und lösten Handlungsdruck aus.

Gleichzeitig erschütterte eine Suizidreihe von Angestellten in anderen Unternehmen die Bevölkerung in einem unserer Kernländer und lösten eine Debatte über Arbeitskultur aus, die zu uns hereinschwappte.

Selbstmorde in Unternehmen? Das beschäftigte uns alle. Natürlich waren wir alle erregt und hofften, einen solchen Fall nie erleben zu müssen. Und: Welche Bedeutung hatte eigentlich Arbeit in unserer Gesellschaft? Dort, wo es passierte, mussten extreme Arbeitsverhältnisse herrschen. Das zu analysieren, war sehr wichtig – wenn auch schwierig. Mir war klar, dass die Angestellten unter starkem psychologischen Druck agierten. Hinzukamen geringe Entscheidungsfreiheiten und enormer Stress, welcher vermutlich noch durch Isolation in der Arbeit, geringe Sinnhaftigkeit der eigenen Arbeit und fehlende Wertschätzung verstärkt wurde. Komisch – ich musste wieder an die Begrüßung mit Weiss, ohne Blickkontakt, denken. Meines Erachtens war das auch mangelnde Anerkennung.

Wir hatten in unserer riesigen Firma zum Glück keinen Suizid, aber sehr schlechte Werte in Bezug auf die Themen Wertschätzung und Mitarbeiterzufriedenheit. Das ergab einen riesigen Diskussionsstoff.

Aufgeregt diskutierten wir über die jüngsten Berichte in den Zeitungen: Vier Mitarbeiter von France Télécom nahmen sich binnen vier Wochen das Leben, 24 Mitarbeiter innerhalb von 18 Monaten, teilten Gewerkschaften mit. Einer hatte sich sogar im Teich des Firmengeländes ertränkt. Und manchmal geschah es direkt am Arbeitsplatz. Bei dem einen Autokonzern hatten sich sechs Mitarbeiter das Leben genommen, bei einem anderen waren es drei Beschäftigte. Große Unternehmen wie auch unseres waren davon betroffen. Ob Energiekonzern oder Caterer. Es gab eine unheimliche Liste davon. Auch ein Kreativer sprang nach einer Sitzung aus dem fünften Stock.

Wie der Personalvorstand zeigte, dass er mich nicht ernst nahm

Ich fragte nach: „Wie gehen wir nun damit um, die Selbstmorde in Firmen in Frankreich und unsere schlechten Ergebnisse in der Mitarbeiterbefragung?" Er kullerte mit den Augen und sah mich an, als würden ihn meine Fragen nerven. Weiß erwiderte: „Wie war noch mal Ihr Name?" Wie aus der Pistole geschossen, antwortete ich „Kerstin Walther." Warum kann er sich eigentlich nicht meinen Namen merken? Ich hatte mich doch schon zweimal heute vorgestellt. Bei der Begrüßung und bei der Vorstellungsrunde. Dann sah er meine Chefin an – so als hätte sie ihm diese Fragen gestellt – und antwortete nachdenklich: „Das weiß ich ja eben nicht, deshalb sitzen wir ja jetzt zusammen. Auch wenn noch mehr Sorgentelefone eingerichtet werden, hilft das wohl kaum. Die Wirksamkeit zweifle ich eher an. Ich denke bis Ende des Monats müssen wir einige Ideen auf den Tisch legen und schnellstmöglich mit der Umsetzung beginnen."

Sein offen gezeigtes Desinteresse an mir – aber vor allem „das Thema Suizid bei der Arbeit" – nahmen mich sehr mit. Meine gesamte Gefühlsstimmung befand sich auf einem Tiefpunkt. Auch wenn ich wusste, dass jetzt Sachlichkeit und Handeln gefragt waren. Wir lebten in einer Wohlstandsgesellschaft und dann passierte so etwas. Waren wir Menschen glücklicher, als wir noch um jeden Bissen kämpfen mussten? Ja, so war es auch, in den Zeiten der Armut, hatten Menschen andere Probleme. In Armutszeiten gab es weniger Suizide.

Später las ich weitere Beiträge dazu im Internet und dass die Unternehmen es sich oft einfach machten, in dem sie stets persönliche Gründe als Ursache für die Suizide der Mitarbeiter angaben. Aber das stimmte vermutlich in vielen Fälle nicht, denn Mitarbeiter hinterließen auch Abschiedsbriefe, in dem sie sich über schlechte Arbeitsbedingungen beschwerten. Ein anderer Mitarbeiter in Ostfrankreich habe Selbstmord verübt, nachdem er schlecht mit einer neuen Technik am Arbeitsplatz zurechtgekommen sei. Wahrscheinlich waren Kleinigkeiten das I-Tüpfelchen als Auslöser von gravierenden Lebensentscheidungen.

Ich war aber auch froh, dass die Ergebnisse der Mitarbeiterbefragung endlich Gehör fanden und freute mich auf die Arbeit, die Dinge zum Besseren zu bewegen.

Ich gehörte mit zum Krisenteam

Es gab also eine ganze Menge zu tun. Und ehe ich mich versah, war ich im Team des Personalvorstands. Meine Chefin wollte nicht an dieses Thema ran und schickte mich als Stellvertreterin. Dennoch war ich stolz, mit zum Krisenteam zu gehören. Ich hatte eine Aufgabe: Ich wollte mit aller Macht diese Krise bekämpfen. Ich wollte Gutes tun. Deshalb war ich hier.

Unser Chef erschien allerdings von Anfang an sehr desorientiert in dieser Sache. Später stellte ich fest, ging es ihm hauptsächlich nur um die Reputation seiner Abteilung. Und eigentlich wollte er, dass wir uns so schnell wie möglich, etwas einfallen ließen.

Für ihn war ich nichts weiter als ein kleines Licht. Vermutlich dachte er, es würde sich nicht lohnen, Notiz von mir zu nehmen. Distanziert und unnahbar wirkte er auf mich. In all den Meetings gelang es mir nicht, eine Beziehung zu ihm aufzubauen. Wenn ich Fragen stellte, antwortete er mir niemals direkt, sondern immer den anwesenden Kollegen. Trotzdem brachte ich einige gute Ideen in das Meeting ein.

Obwohl das Thema anfänglich so verdammt wichtig schien, berief er erst nach zwei Wochen das nächste Meeting ein.

Auch wenn er sich meinen Namen nicht merken konnte, fand meine Idee Gehör

Noch nicht mal meinen Namen, den ich ihm immer wieder nannte, konnte er sich merken. „Hello Misses", rief jemand, als ich die Kantine betrat, hinter mir her. Ich drehte mich um und hinter mir stand Weiß. „Frau …, – wie war noch mal ihr Name?" Sprachlos, damit er eventuell merkte, dass er sich noch nicht mal meinen Namen merken konnte, ließ ich ihn etwas warten, bevor ich antwortete. „Walther, Kerstin Walther – ich hatte Ihnen diesen schon einige Male mitgeteilt", sagte ich dann bestimmt. „Frau Walther, es geht um ihre Idee, bezüglich der Mitarbeiterforen. Ich würde das gerne noch einmal mit Ihnen und den anderen im nächsten Meeting in der nächsten Woche besprechen", sagte er dann zu mir, indem er schon wieder weiterlief. „Ja, gerne", rief ich ihm hinterher.

Unglaublich dachte ich, ich muss unbedingt einen Weg finden, damit er auch mal weiß, wer ich bin und damit ich das Thema auch nach vorne treiben kann. Andererseits war ich froh, dass meine Idee Gehör bei ihm fand. Er schien, sie gut zu finden. Das freute mich, denn ich hatte lange darüber nachgedacht, quer zu denken und mir ein ganz anderes Format einfallen zu lassen.

Meine Kollegen hatten bereits zwei übliche Foren mit Top-Führungskräften organisiert. Die Top-Manager standen wieder auf der Bühne und die Mitarbeiter waren wie immer das beifallklatschende Publikum. Meines Erachtens eine langweilige Idee. Und warum mussten wir wieder Top-Manager zu Königen werden lassen.

Wie meine Idee aussah und wie es dazu kam, dass er sich meinen Namen merkte

Meine Idee sah anders aus, denn ich wollte so vielen Mitarbeitern wie möglich, die Bühne geben. Ich wollte wieder eine menschliche Komponente einziehen lassen. Wenn sonst Veranstaltungen in Reden von Top-Managern aufgebaut waren, plante ich Geschichten mit Mitarbeitern. Sie sollten an diesen Veranstaltungstagen die Könige sein. Also entwickelte Ich ein Format, in dem die Mitarbeiter selbst zu Wort kommen sollten. Das bedeutete, Mitarbeiter sollten selbst ihre Geschichten erzählen. Dafür plante ich zwei Tage ein. Wichtig war es auch, dass die Vorstände dazu geladen würden. Und im Vorfeld musste ich 60 Mitarbeiter gewinnen, die auch bereit waren, über ihre Erlebnisse zu sprechen.

Ich freute mich, als Weiss mir im Meeting sagte, wie toll er meine Idee fände; aber ich dürfe den gravierenden Organisationsteil nicht vergessen und ich müsse auch in der Lage sein, den entsprechenden Mitarbeitern die Ängste zu nehmen, über ihre Schwierigkeiten in ihrem Arbeitsalltag zu erzählen.

Mut und Offenheit zur Situation waren angesagt. Am Ende des Meetings fragte ich Weiss, ob er denn bereit wäre, Einladender zu sein und die Moderation für diese beiden Tage zu übernehmen. Eitelfreundlich lächelte mich Weiss an: „Frau Walther, auch wenn ich viel zu tun habe, übernehme ich natürlich diese beiden Aufgaben." Ich lächelte zurück.

Er hatte soeben meinen Namen gesagt. Wurden wir jetzt doch noch Freunde? Zeigte er auf einmal Interesse an mir? Das musste eindeutig an der Idee liegen. Ich hatte es geschafft und ich ging an den Start.

Für jeden Mitarbeiter, der bereit war, über das Für und Wider seiner alltäglichen Arbeit im Unternehmen zu sprechen, plante ich jeweils 15 Minuten ein, sodass an diesen zwei Tagen 60 Mitarbeiter aus sämtlichen Arbeitsbereichen ihre eigenen Geschichten erzählen konnten.

Die zwei Tage rückten immer näher und ich war entsprechend aufgeregt. Ich musste alle briefen, ihnen die Ängste nehmen, ihnen aber auch Sicherheit geben, in Bezug auf die Geschichte, die sie erzählen sollten. Mit manchen Mitarbeitern traf ich mich in der Kantine und besprach mit ihnen den gesamten Ablauf der jeweiligen Geschichte. Offenheit schien die größte aller Hürden darzustellen. Angst war überall spürbar.

Ich bereitete die Einladungen für meinen Chef vor, der einlud und selbstverständlich die Eröffnungs- und Schlussworte als amtierender Personalvorstand sprechen sollte. Ebenso bereitete ich ihm die Reden und die Moderation vor. Auch das war anstrengend. Denn die Sätze sollten nicht einfach aus Floskeln bestehen, sondern empathisch bewegen. Daran saß ich ziemlich lange.

Nachdem Weiss die Vorbereitungen gelesen hatte, sagte er voller Erstaunen: „Frau Walther, wie konnten Sie es schaffen, so meinen Ton zu finden? Ich werde zwar noch einiges ändern. Aber das ist eine hervorragende Grundlage." Umso mehr erstaunt war ich, dass er meinen vorformulierten Wortlaut so übernahm, wie ich ihm diesen vorbereitet hatte.

Die Resonanz war hervorragend. 456 Mitarbeiter hatten sich für die Foren angemeldet.

Wie ich meinen Chef zum Helden machte

Mein Chef hielt die Eröffnungsansprache und traf einen bescheidenen, „Ich bin einer von euch"-Ton, der sehr gut ankam. Ja, reden und begeistern konnte er. Vermutlich wäre er sonst auch nicht Vorstand. Dann erzählte er einige Geschichten aus seiner Zeit als kleiner Mitarbeiter und schlug sehr persönliche Töne an.

So persönlich und offen waren dann alle Geschichten, viele Mitarbeiter sahen sich in den Geschichten wieder. Für mich war das alles ein gewaltiger Akt, alle zum öffentlichen Reden zu motivieren.

Weiß bedankte sich persönlich nach jeder Geschichte bei jedem Mitarbeiter und gab jeweils ein kleines Feedback dazu. Er schien sich sehr wohl zu fühlen. Alles war nach seinem Geschmack: Viel Aktion und er mittendrin.

Am zweiten Tag ging er zum Schluss nochmals auf die Bühne. Er sprach den Anwesenden direkt ins Herz, sprach über Werte und auch kritisch zu der Tendenz des Topmanagements, zu weit von der Basis zu sein. Mit diesen glühenden Worten wirkte er so authentisch und zugänglich, wie selten zuvor und war sich seiner Wirkung wohl auch bewusst.

Er ließ sich feiern, wie ein Held

Alle Mitarbeiter standen auf und klatschen ihm Beifall. Er fühlte sich als Held und ließ sich feiern wie ein Held. Denn das war er an diesen Tagen wirklich: Der Held, der für seine Leute alles gab und eine außergewöhnliche Leistung vollbracht hatte. Auch wenn er nicht die klassische Gestalt eines Helden hatte, stand er doch heroisch und tapfer vor seinen Mitarbeitern.

Diese zwei Tage sollte so schnell niemand mehr vergessen. Mitarbeiter hatten die Gelegenheit sich öffentlich auszusprechen. Eitelwonne sonnte er sich im Beifall des Erfolgs. Auch wenn sein Heldentum das Produkt einer Zwangslage war.

Anschließend rief er mich bei meinem Namen und holte mich ebenso auf die Bühne. Auch wenn es mir etwas unangenehm war, als er vor allen mein organisatorisches Talent lobte. Ich mochte es nicht, immer mit Organisation abgestempelt zu werden. Und auch noch dafür gelobt zu werden. Aber gut, zumindest dachte er daran, sich öffentlich bei mir zu bedanken.

Dieser Erfolg verbesserte nachhaltig das Image von Weiß. Und die gesamten Vorstände ließen es sich nicht nehmen, mit ihrer Anwesenheit zu glänzen. Denn Komplimente bekam er auch aus diesen Reihen. Er hatte sich in einer außergewöhnlichen Situation mit einer außergewöhnlichen Idee bewiesen, die ich ihm erschuf.

Und Weiß wusste auf einmal meinen Namen und war endlich interessiert an dem, was ich tat.

Nach dem Motto: „Mach deinen Chef zum Held! Lass deinen Chef gut aussehen!" – gelang mir das, was ich wollte, indem dem ich ihm die Möglichkeit schuf, eine Heldenfigur zu werden, um mit den eigenen Unzulänglichkeiten besser klarzukommen. Alle Gesellschaften – wie auch Unternehmen brauchen manchmal einen Helden.

Auf einmal bekam ich von ihm alle Freiheiten und Möglichkeiten des Handelns. Und immer wieder wurde ich später von ihm mit Sonderaufgaben betraut, bis er mich ganz in sein Team holte.

Und so mehr mein Chef keine Ahnung von gewissen Themen hatte, destso mehr freiere Hand hatte ich mit meiner Arbeit. Und das war gut so, denn ich blühe auf, wenn ich Freiraum, Vertrauen und Wertschätzung erhalte.

Wer die Freiheit aufgibt,
um Sicherheit zu gewinnen,
wird am Ende beides verlieren.
Benjamin Franklin

Alleinerziehend wirkt wie Knoblauch auf Vampire

Viele Wege führen nach Rom – ich fand meinen

Freiheit ist besser als Sicherheit. Dass ich dieses Credo einmal mit ganzer Seele vertrete, hätte ich während meines Studiums nie gedacht. Ich studierte Slavistik in Leipzig, wo ich auch aufgewachsen bin, und während ich nachts an Seminararbeiten saß, brüllte meine kleine Tochter in ihrem Bettchen. Ein Schreibaby, Koliken, jeder Zahn kam mit viel Tamtam. Mit gerade 24 Jahren war ich Mutter geworden, das Kind ungeplant – aber sehr erwünscht. Alles war ein Balanceakt. Mein Tag zwischen Hörsaal und Kita eng getaktet, die finanzielle Basis noch wackelig. Studieren mit Kind ist keine leichte Aufgabe, denn ein weinendes Baby duldet im Gegensatz zu einer Hausarbeit keinen Aufschub. Richtig schwer wurde unser Alltag in Prüfungsphasen. Mein Partner wollte Facharzt werden und rieb sich in der Ausbildung zum Assistenzarzt auf. Ich fühlte mich allein, auch zu kinderlosen Kommilitonen hatte ich kaum Kontakt. Für ein Schwätzchen in der Caféteria fehlte mir meist die Zeit und an eine Mitarbeit in einem Studentengremium war nicht zu denken.

Der Ring kam, der Riss blieb

In der Beziehung begann es zu kriseln. Romantische Zweisamkeit war immer seltener geworden, auf leisen Sohlen bekam die Liebe feine Haarrisse. Jung und verzweifelt versuchten wir das Ruder umzureißen – und heirateten. Der Ring kam, der Riss blieb. Mitten in der Krise kündigte sich unser Sohn an. Ein zweites Kind als Kitt, wir wollten mit ihm das

Partnergefühl der Verbundenheit festhalten. In der etwas schwierigen Schwangerschaft gönnte ich mir mehr Ruhe und kam ins Grübeln. Vieles war so, wie ich es mir gewünscht hatte. Erst die Karriere, dann der Nachwuchs, das wollte ich ja nie. Da ging mein Partner voll auf Linie. Nur hielt die familiäre Harmonie, die wir uns gleichermaßen wünschten, nie lange, wir trennten uns, und kamen wieder zusammen. Ein Hin und Her, das unseren Alltag in der kleinen Wohnung belastete. Wir wussten nicht mehr weiter. Es kam zur Trennung, zunächst auf Zeit, wie wir uns fest vornahmen.

Alleinerziehend wirkt manchmal wie Knoblauch auf Vampire
Das Etikett „alleinerziehend" wirkt auf manche Personaler wie Knoblauch auf Vampire. Abstoßend. Zu unflexibel, ein Risiko – selbst wenn Studien das widerlegen. Ob die Kinderbetreuung komplett gesichert sei, fragten viele. Um dem zuvorzukommen, vermerkte ich in der Bewerbung hinter den Namen der Kinder „betreut". Ich habe unzählige Bewerbungen geschrieben, oft kam nicht einmal eine Absage. Schließlich hatte ich dann aber Glück, großes sogar: Mein erster Chef gegen Ende des Studiums war großartig, selbst ein engagierter Vater und der Meinung, Mutter-Sein sei die beste Managementschulung. „Erziehen heißt leiten", sagte er gern.

Resultate zählten und nicht, wer zuletzt das Licht ausknipste
Das Beste war aber, dass das Unternehmen nicht die verbreitete „Face"-Kultur pflegte: Je länger im Büro, desto höher steht man im Kurs. Für mich als Mutter und Studentin war das natürlich ein großer Segen. Im Unternehmen zählten die Resultate und nicht, wer zuletzt das Licht ausknipste. Stiegen hier Führungskräfte nach dem Mutterschutz auf Wunsch in Teilzeit wieder ein, arbeiten sie tatsächlich Teilzeit und bekamen nicht 100 Prozent Arbeit für 50 Prozent des alten Gehalts, wie es in vielen Betrieben quer durch alle Hierarchien gang und gäbe ist. Kurz stand im Raum, für ein Tochterunternehmen in Moskau zu arbeiten, was sich aber aus internen Gründen zerschlug.

Gedanken an früher. Russland, meine große Liebe!

Gedanklich saß ich auf gepackten Koffern – Russland, meine große Liebe! Wurde ich gefragt, warum man ausgerechnet nach der Wende noch ein Russisch-Studium beginnt, erzählte ich von der Russischlehrerin, die mir in der Schule diese Sprache ins Herz gepflanzt hatte, und meinem Winter in Petrosawodsk am Onegasee. Letzteres war nicht weniger als ein Abenteuer wie aus einem Jack-London-Roman. Meine Kinder waren noch nicht geboren. Beauftragt von einer Hilfsorganisation, lebten wir jungen Studenten in einer archaischen Welt: Januar, minus 31 Grad, im Wasser trieben hohe Eisschollen. Kaum richtige Straßen, dafür viel Wald und See. Ein Ort, der Eitelkeiten nicht zur Kenntnis nahm. Wir richteten uns in einem typischen Holzhaus ein. Tagsüber half unsere Gruppe, in einem Krankenhaus, Patienten zu versorgen. Essen verteilen, Kranke von A nach B begleiten, reine Zivi-Dienste. Die Menschen lagen in Pferdedecken, unglaubliche Zustände. Zimperlich durfte man nicht sein, die Schicksale waren oft sehr traurig.

An diesem eisigen Ende der Welt, faktisch eine uralte Kulturlandschaft, gab es tatsächlich ein Kunstmuseum. Die Sammlung der alten Ikonen liebte ich. Dort kam ich mit einigen Künstlerinnen ins Gespräch und erfuhr, wie schwierig es sei, zeitgenössische Werke zu vermarkten. In der 400 Kilometer entfernten Metropole Sankt Petersburg sähe das ganz anders aus. Mein Ehrgeiz war geweckt. Kurzerhand organisierte ich mit Hilfe von russischen Freunden aus Deutschland eine private Ausstellung in der Zarenstadt, und packte die Künstlerinnen aus Petrosawodsk mit ihren Gemälden und Skulpturen in einen gemieteten Bus. Ein Wagnis, denn die Kosten dafür sollten aus dem Verkauf der Werke beglichen werden. Den Bus, welchen mehr der Rost als die Schrauben zusammenhielten, tauften wir auf der Fahrt „Napoleon", denn er war sicher schon beim Napoleonischen Feldzug auf Moskau dabei. To cut it short: die meisten Werke wurden verkauft, sicher waren Zwischenhändler darunter, die ahnten, dass die volkstümlich angehauchte Kunst vom Onegasee den Stress geplagten Städtern etwas von Entschleunigung vermitteln konnte. Als Dank bekam ich von den Frauen ein Stück Fischernetz vom See geschenkt, damit mein „Netzwerk", von dem ich so oft sprach, auch in Deutschland Hand und Fuß bekäme. Ein Talisman, wenn man so will.

Die Magisterarbeit, drei Jahre später, erwies sich als weiterer Glücksfall. Das Quellenstudium und das wissenschaftliche Schreiben brachten, es mag seltsam klingen, eine positive Struktur in meine privaten Gefühlswogen. Daneben kamen von einer psychologischen Beratung seitens der Universität wichtige Impulse. Weiß der Himmel wie, aber ich bestand die Prüfungen. Russisch sogar mit Auszeichnung. Meine Professorin bot mir an, mich bei einer Dissertation zu begleiten. Reizvoll, zweifellos. Ein Stipendium hätte mich auf Sparflamme finanziert.

Ich entschied mich dagegen. Lieber wollte ich mich „draußen" bewähren und so schnell wie möglich in Vollzeit durchstarten, was ich nach der Einschulung meiner Tochter auch tat. Sieben Jahre blieb ich im Unternehmen, wo ich bereits als Studentin gearbeitet hatte, sehr schnell in einer Teamleitungsposition.

Heute weiß ich, wieviel Glück ich mit meiner ersten Aufgabe und meinem ersten Chef hatte. Ihm verdanke ich nicht nur als Mutter mit Kind so erfolgreich gearbeitet zu haben, da er mir zeitlich alle Freiheiten ließ, sondern, ich habe auch sehr viel gelernt. Persönliches und was es heißt, zu führen. Seither suche ich nicht nur meine Jobs sehr bedacht aus, sondern vor allem meine Chefs.

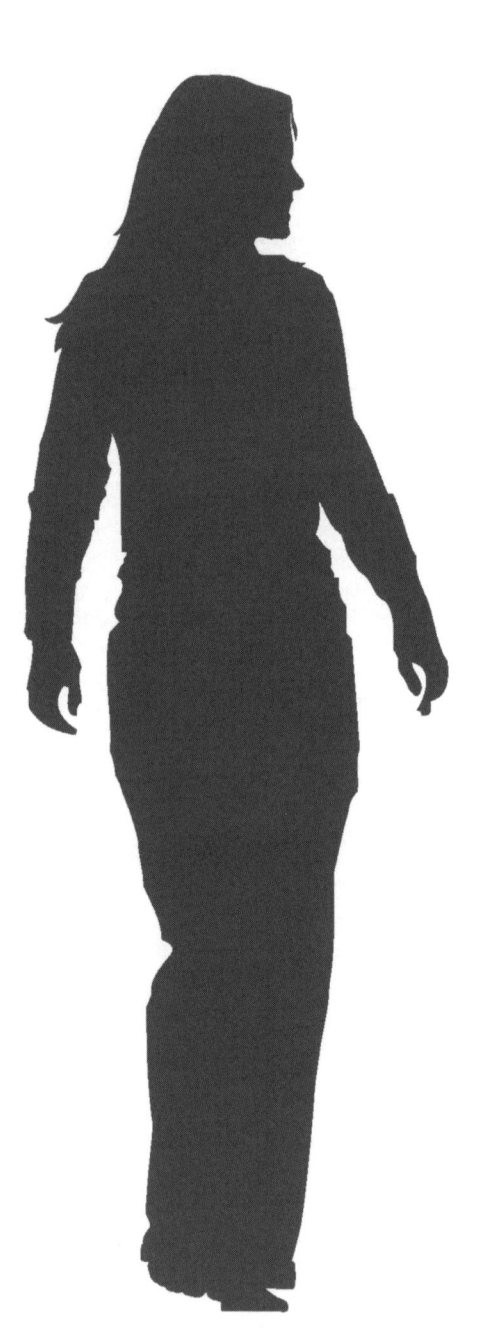

Ein selbstbewusstes Wesen, das sein Revier verteidigt,
stark und kämpferisch ist,
obwohl ihm durch sein süßes Äußeres scheinbar der Biss fehlt.
An solchen Fehleinschätzungen muss man auch
in Führungsetagen rütteln.

Wie ich Unternehmerin wurde

Start-up als Nebenberuf

Nach einigen Jahren als Angestellte in einem Unternehmen, das von seinen Netzwerken lebt, drängte etwas hartnäckig ans Licht, wofür ich brannte – Frauen vernetzen, und zwar nach meinen Vorstellungen. Konkret wollte ich in deutschsprachigen Ländern Frauen in Führungssituationen eine Event-Plattform für Austausch sowie persönliche Weiterentwicklung bieten und damit Frauen selbst stärken. Als Signet für das Projekt kam mir spontan ein vom Aussterben bedrohtes Tier in den Sinn, eines, das ebenso selten vorkommt wie weibliche Führungskräfte. Die Ironie funktionierte bestens, wie sich bald zeigte. Ein selbstbewusstes Wesen, das sein Revier verteidigt, stark und kämpferisch ist, obwohl ihm durch sein süßes Äußeres scheinbar der Biss fehlt. An solchen Fehleinschätzungen muss man auch in Führungsetagen rütteln.

Mit einem Freund in Berlin, Tourismus-Experte und Betriebswirt, ging ich daran das Startup zu entwickeln. Unser Ziel war klar – wir wollten im kaum überschaubaren Angebot der Netzwerk-Initiativen etwas wirklich Innovatives vorlegen. Viele Stunden diskutierten wir via Skype über unsere Ideen und erörterten unzählige Fragen. Für wen könnte unser Angebot überhaupt interessant sein? Würde ich mich selbst bewerben? Entspricht mir das Format? Wie kann man weibliche Führungskräfte anspornen? Und wie können teilnehmende Unternehmen von diesem mutigen Format profitieren? Eine sehr intensive Phase, aber das kannte ich von den vielen Start-up Gründern im Freundeskreis.

Angst vor der eigenen Courage? Aber mir fehlte da ein bisschen Rock'n'Roll

Manchmal stieg in mir die Angst vor der eigenen Courage hoch. Hoffentlich geht das gut. Dieser Gedanke kam oft nachts, die Kontoauszüge schwer in der Hand. Ich wollte mein eigenes Geschäft aufbauen, von dem wir leben können. Dazu kam mein Wunsch nach Freiheit, ich wollte meine eigene Chefin sein. Vorerst wehte nur die Fahne der Vorfreude, denn richtig frei war ich nicht. Doch ist man das je? Ich musste meine Kinder ernähren, die Miete zahlen. Mein Mann war ein freischaffender Kreativer, ein regelmäßiges Einkommen hatte er noch nicht. Die Gründung einer GmbH saß uns finanziell im Nacken. Freiheit hat ihren Preis. Sicherheit allerdings auch. Im Bekanntenkreis erlebte ich geplante Leben – Bio-Lehrer, Banker, Bausparer. Ihr Leben kreiste um Sicherheit, den gehobenen Lebensstandard und das Nischenidyll. Alles gut, aber nicht für mich. Ehrlich, mir fehlte da ein bisschen Rock'n'Roll.

Ich entschied mich daher, meinen Job auf 50 % zu reduzieren und parallel unser Start-up aufzubauen. Somit begann eine unglaublich intensive Zeit. Ich war in einem Zustand der Euphorie, da unser Konzept gut in der Realisierung anlief – aber ich mich auch im Dauerspagat zwischen Anstellung, dem Aufbau meiner eigenen Firma und meiner Familie befand. Drei Jahre vergehen wie im Flug in solch einer Konstellation. Wie ich das alles bewerkstelligt habe, frage ich mich gelegentlich selbst. Aber es ging. Und wir haben unser Start-up ohne Fremdkapital aufgebaut und sind somit von niemandem abhängig.

Es läuft. Sehr gut sogar. Ein Startup aufzubauen ist oft Adrenalin pur

Wir sind jetzt im fünften Geschäftsjahr, da traut man sich. Ich habe meinen Job gekündigt, bin Vollzeitunternehmerin geworden und bin aufs Land gezogen. Unser Geschäft läuft sehr gut, auch wenn wir nie zufrieden sind und immer neue Ideen haben. Die Zusammenarbeit mit meinem Co-Gründer ist großartig und sicherlich auch ein Grund für unseren Erfolg. Das alles alleine zu stemmen, wäre viel schwerer gewesen und mir hätte viel Spaß gefehlt.

Ein Startup aufzubauen, ist allerdings kein Spaziergang, sondern oft

Adrenalin pur, da es vor allem finanziell hoch risikoreich ist. Ich hatte einen festen Job aufgegeben und ging wohlüberlegt, aber ohne Fremdmittel in das Projekt. Nicht jeder verstand das. Doch in meiner Familiensituation war es genau der richtige Weg. Ich war mutig und stark genug, mein Verständnis von beruflicher Freiheit zu leben. In Kauf nehmen musste ich im ersten Jahr stark schwankende Einnahmen und Freunde, die ohne mich in Urlaub fuhren. Anfangs arbeitete ich oft bis tief in die Nacht, umgeben von Kalkulationen und Strategieplänen. Man muss aufpassen und vor allem rechtzeitig delegieren, damit bestimmte „Zeitfresser" nicht auf Dauer die Oberhand gewinnen.

Das Leben als Gründer ist ein verrücktes. Morgens im Büro glaubt man, seine Agenda für den Tag zu kennen. Weit gefehlt. Kaum da, wird man mit unbekannten und ständig neuen Fragestellungen bombardiert und soll sie souverän lösen. Es ist unheimlich wichtig, sich Abstand zu verschaffen, da das Hamsterrad sonst zu gewaltig wird und man den Wald vor lauter Bäumen nicht mehr sieht. Heute arbeiten wir von regionalen „Leuchttürmen" aus, der Mitgründer sitzt in der Hauptstadt, ich am anderen Ende der Republik und eine Mitarbeiterin deckt den norddeutschen Raum ab. So strategisch verteilt, können wir die wichtigen persönlichen Kontakte zu den Partnerunternehmen viel leichter pflegen und mal spontan ein Meeting, mal zum Lunch. Das sind die treuesten Partner. Denn Netzwerkpflege ist in unserem Geschäft das A und O.

Friede, Freude, Eierkuchen?

Von wegen. Unternehmen von der Förderung führungsstarker Frauen zu überzeugen, ist oft ziemlich anstrengend. Nicht wenige machen Netzwerk-Arbeit vordergründig, da es dem Zeitgeist entspricht. Andere Betriebe wiegeln mit fadenscheinigen Argumenten ab. Sehr ärgerlich, gerade erreichte mich die Absage eines bekannten und namhaften Unternehmens, um das wir uns schon lange bemühten. Obwohl man dort unsere Karriere-Events sowie eine besonders erfolgreiche Teilnehmerin über Medienberichte regelrecht ausschlachtete, stellte der Entscheider auf stur als es um eine Partnerschaft ging. Die Absage schickte er per E-Mail, ich kam gar nicht so weit mit ihm zu sprechen. Er teilte darin knapp mit, dass die Förderung von Frauen nicht notwendig sei, und ohnehin stünde eine solche nicht auf seiner persönlichen Agenda. Da blieb mir erst mal die Luft weg, so drastisch lässt das kaum einer vom Stapel. Im Grunde aber ist das für uns ein riesiger Ansporn – es gibt viel zu tun in den Führungsetagen. Wir wollen weiterwachsen und noch viele Frauen in Führungspositionen bringen.

Der Sturz in den Bühnengraben. Mich kann so schnell nichts umhauen. Und falls sich doch eine Falltür auftut, bin ich ein Stehaufmännchen, oder vielmehr, eine Stehauffrau. Im letzten Jahr moderierte ich einen Event in Berlin, eine Herausforderung, denn ich habe starkes Lampenfieber, womit ich allerdings offen umgehe. Mit Herzklopfen stand ich auf die Bühne, wo ich nach einer kurzen Rede eine hochrangige Firmenvertreterin begrüßte. Kaum ließ ich ihre Hand los, stürzte ich auch schon in den Bühnengraben. Ein falscher Schritt und es ging einen Meter in die Tiefe. Das Publikum hielt den Atem an. Was machte ich? Ein kurzes Schütteln und ich stand wieder auf den Beinen. Ganz automatisch und mir war nichts Ernsthaftes passiert. Und dann bekam ich einen Lachanfall, wie von tausend Witzen gekitzelt. Es dauerte Minuten, bis ich weitermoderieren konnte, da war der Saal bereits angesteckt, hunderte Menschen lachten.

Bis heute ist das ein ganz positiver Moment, aus dem ich schöpfe. Denn ich weiß, das Schlimmste ist mir bereits passiert. Ein Teilnehmer schrieb mir später, mach das bitte immer so, das hat uns die Anspannung genommen. Ein großes Sympathieplus.

Eine „starke Frau" will ich nicht genannt werden, das finde ich schrecklich, denn ein solches Etikett klingt für mich nach durchgestandenem, verharztem Leid. Männer im Job loben dich so. Das bin ich nicht.

Freiheit ist für mich das Maß, dafür bin ich nach wie vor bereit, unkonventionelle Wege zu gehen. Ich habe aus einer Herausforderung wie der Doppelbelastung im Studium und der Pflicht, die Familie abzusichern, ein enormes Maß an Disziplin und Organisation entwickelt. „Auf Versprochenes wartet man drei Jahre", sagt ein russisches Sprichwort. Nicht warten, selber tun! lautet die Botschaft. Das Credo gebe ich auch unseren Frauen mit.

*Ich bin höflich gegen sie wie gegen alles kleine Ärgernis;
gegen das Kleine stachlich zu sein, dünkt mich eine Weisheit für Igel.*
Friedrich Wilhelm Nietzsche

Sind neue Frauen Frischfleisch?

Ich kenne kaum eine Situation im Unternehmen,
in der ich sexuell von Männern nicht angegriffen wurde

Seit 17 Jahren bin ich im Management tätig. Und immer wieder begleitet mich ein trauriges – aber auch erschütterndes Muster: Sexuelle Belästigung am Arbeitsplatz. Schockmomente, in denen ich oft nicht wusste, wie ich richtig reagieren sollte. Schockmomente, die mich denken ließen, ist das das Los der Frau, in männerdominierenden Unternehmen zu arbeiten?

Ich kenne keine Jobsituation, die davon frei ist – vor allem in höheren Positionen der Unternehmen. Statistiken belegen leider auch, dass jede zweite Frau im Job schon mal sexuell belästigt wurde. Naja, zwischenzeitlich kenne ich mich mit der ganzen Forschung dazu aus. Es ist gut zu wissen, dass man nicht alleine ist, auch wenn das sehr erschreckend ist.

Erste sexuelle Belästigungen erlebte ich in einer Unternehmensberatung. Die Frauenquote liegt hier zwischen 1 bis 5 Prozent. Als ich dort anfing, fühlte ich mich wie Frischfleisch für die dortigen Männer.

Damals begann ich als Jungberaterin. Ein Projekt nach dem anderen stand an. Oft wurde ich eingesetzt, wenn Unternehmen sich in einer Schieflage oder in einer Umbruchphase befanden. Meine Aufgabe war es, die Probleme zu analysieren und Lösungskonzepte zu entwerfen. Es war nicht immer einfach, denn als Unternehmensberater ist man nicht immer unbedingt willkommen. Immer wieder aufs Neue müssen Kunden überzeugt und Vertrauen aufgebaut werden. Auch die anfangs oft misstrauische Belegschaft beim Kunden muss man meist schnell für sich gewinnen. Hier geht es auch um Empathie für Menschen, die mit Zahlen, Tabellen und Berater-Englisch wenig anfangen können.

Es war ein sehr mobiles Business-Leben für mich. Einen wirklich festen Arbeitsplatz hatte ich nie, sondern war rund um die Uhr unterwegs. Dort, wo mein Laptop stand, war mein Büro oder Arbeitsplatz.

Die erste Firmenfeier

Eigentlich hatte ich mich schon auf die erste Firmenfeier gefreut. Sie sollte auf der Terrasse eines großen Firmengebäudes stattfinden. Es sollte Barbecue geben. Goldrichtig fühlte ich mich mit meinen neuen schwarzen Schuhen und dem Etuikleid, kombiniert mit einem lässigen Trenchcoat. Nicht auffallend – aber dennoch ansprechend. Ich trat auf die wunderschöne großzügige Terrasse. Das brummende Stimmengewirr war mal wieder ein eindeutiges Zeichen dafür, dass hier die Männer in einer großen Überzahl vertreten waren.

Ich zog es vor, zuerst einmal etwas zu essen und mir einen Drink zu holen. Etwas nervös drängelte ich mich durch die Reihen und ließ meinen Blick über die Menge schweifen. Es dauerte nicht lange und mein Chef kam auf mich zu. Er stellte mich mehreren neuen Kollegen vor. Irgendwie wirkten die Herren wie klassische Unternehmensberater. Alle gleich, eloquent, dynamisch – wollten sie Erfolg ausstrahlen. Und alle standen sie mit ihren teuren Anzügen an den Stehtischen.

Mein Chef stellte mir Jens Goy vor. Etwa 1.90 groß, breite Schultern und dunkel nach hinten gekämmte Haare. Seine Lippen waren auffallend klein und schmal. Er wirkte anfangs aufgeschlossen und vertrauenswürdig, was sich jedoch später ins Gegenteil umkehrte. Wir kamen ins Gespräch und sprachen über Gott und die Welt. Er musterte mich über den Rand seines Cocktailglases und kam mir Stück für Stück immer etwas näher. Meine Serviette fiel nach unten; als ob er auf den perfekten Moment gewartet hatte, bückte er sich schlagartig wie ein Kavalier und hob sie auf. Als er sie mir zurückgab, berührte er aus Versehen etwas zu lange meinen Arm. War das aus Versehen oder mit Absicht? Ich konnte es noch nicht deuten und nahm es nicht zu ernst. Ich dachte zuerst wirklich, es sei aus Versehen. Als er dann nach ein paar Minuten seinen Arm, wie selbstverständlich, um mich legte, war mir klar, was hier vor sich ging. Ein Versehen war das jedenfalls nicht.

Ich fühlte mich auf einmal so einsam auf dieser übervollen Terrasse, deren Überfüllungsgrad mehr und mehr zunahm. Niemand sah mich. Niemand brachte mich in Sicherheit. Niemand kam.

Die laut plappernden Anzugträger und die hämmernde Musik gingen mir mittlerweile ziemlich auf die Nerven. Dann flüsterte er mir auch noch ins Ohr, ob ich bereit wäre, die Nacht mit ihm zu verbringen. Das reichte. Ich grinste ihn missglückt an und sagte, ich müsse mir jetzt die Hände waschen. Was ich auch tat und anschließend – fast fluchtartig – die Firmenfeier gegen 21 Uhr enttäuscht und angewidert von den Worten und Berührungen dieses Mannes verließ.

Warum nahm er sich das Recht heraus, mich in derartiger Weise anzugrabschen und anzusprechen? Zu Hause duschte ich erst einmal 20 Minuten, um mich von diesen ekligen Berührungen zu reinigen. Was dachte der, wer ich bin?

Sie haben ein schönes Dekolleté

Vier Wochen später flog ich mit einigen Leuten im Team nach Zürich. Wir trafen uns mit den Eignern eines renommierten Familienunternehmens. Die Sitzungen sollten fünf Tage dauern und wir übernachteten in einem Steigenberger Hotel. Auch wenn ich einen luxuriösen Arbeitsalltag hatte, war er verdammt stressig. Ich durchlebte einige Meeting-Marathons und Arbeit rund um die Uhr war keine Seltenheit in heißen Projektphasen.

Der CEO des Unternehmens begrüßte mich mit den anderen und starrte, just als er mich sah, etwas zu lange auf meine Brust „Sie haben aber ein schönes Dekolleté ", sagte er. Mir verschlug es die Sprache. Ich war so geschockt, dass ich weder antworten – noch irgendwie reagieren konnte. Was hatte der eben gesagt?

Ich versuchte meine Oberweite, immer mit weiten Sachen zu kaschieren. Ich mochte sie nicht und schon gar nicht als Bezugspunkt im Berufsleben. Alle Männer aus meinem Team standen daneben und hörten es. Manche guckten zwar etwas komisch oder schmunzelten dazu – aber keiner sagte etwas. Sie versuchten es, zu überhören, denn schließlich war dieser unverschämte Mensch ein gut zahlender Kunde. Unangenehm war das Ganze nur mir.

Sexistische Kommentare am Abend

Nach dem Meeting ging es zum Abendessen und anschließend noch in eine Bar. Die Männer fingen an, etwas mehr zu trinken. Ich hielt mich mit Alkohol generell abends zurück, da ich wusste, ich würde einerseits nicht viel vertragen und andererseits wollte ich auch morgens wieder einen klaren Kopf haben. Aus vorher ernsthaften Gesprächen wurden immer unverschämtere Herrenwitze.

Mit sexistischen Kommentaren fingen die Männer an, in meinem Beisein sogar meine und die Brüste meiner Kolleginnen zu bewerten. Einer erzählte von dem Stress mit einer Kollegin und meinte: „Die muss nur mal ordentlich gevögelt werden". Niemand achtete darauf, dass ich ja auch dabeisaß und das als Kollegin oder Frau.

Ich sagte nur dazu. „Das ist mir jetzt zu viel." Stand auf und ging. Es fiel auch niemandem groß auf.

Als ich mich meinem Mentor anvertraute und wie er reagierte

Ich dachte, ich müsse dringend mit meinem Mentor sprechen, der mir während meines ersten Jahres zur Seite stehen sollte. Er war Senior-Berater und kannte das Geschäft der Unternehmensberatung in- und auswendig. Er musste mir helfen, denn er war ja da, um mich zu unterstützen. Und ob es den anderen wenigen Frauen im Unternehmen auch so ging?

Ich recherchierte zum Thema: Unternehmensberaterinnen und sexueller Belästigung am Arbeitsplatz. Ich fand zwei oder drei Porträts des SPIEGEL über einige Unternehmensberaterinnen. Allerdings wurden die Frauen ziemlich oberflächlich porträtiert. Es ging nur darum, was sie studiert hatten, dass sie ja so viel arbeiten würden, die ganze Woche unterwegs sind und sehr gutes Geld verdienen. Darüber, wie sich diese Frauen zwischen den zahlreichen Männern fühlten, stand nichts geschrieben.

Ich traf mich mit meinem Mentor in der Kantine. Ich erzählte ihm von den subtilen sexuellen Berührungen auf der Firmenfeier und auch von den Herrenwitzen in der Bar in Zürich. Er ging weder darauf ein – noch nahm er es ernst. Er tat das mit typischem harmlosem Gehabe ab und schien sich fast zu wundern, was mich daran störte. Das war hart für mich.

Er war Mentor. Ein Mentor war doch dazu da, sich diesen Dingen anzunehmen? Warum interessierte es ihn nicht? Und wie ging es den anderen Frauen?

Zwischen uns, das sollte doch so eine Art Patenschaft sein. Ich, als vielversprechende junge Führungskraft und er als erfahrener Manager. Ich sollte doch Vertrauen zu ihm haben und dachte, ich könne ihm alles erzählen. Ich war sein Schützling und er sollte mir doch helfen, mich weiterzuentwickeln. Vorbild, Ratgeber, Kritiker, Coach, Förderer – all das sollte er zugleich sein. Traurig stellte ich fest, dass ich von ihm nichts zu erwarten hatte. Welche Enttäuschung.

Wo ist der Respekt gegenüber einer Frau?
Aus der Beratung wechselte ich dann in die Industrie und übernahm die Leitung eines CEO-Office. In einem Gespräch fragte mich damals der CEO ganz direkt: „Frau Ahrens, Sie sind doch jetzt Ende Zwanzig oder Anfang Dreißig – wozu wollen sie denn unbedingt einen Karriereschritt machen? Sie befinden sich doch jetzt in einem Alter, indem Sie eine Familie gründen müssten oder wollen." Entrüstet über diese Fragestellung sagte ich: „Diese Frage kann doch in der heutigen Zeit nicht Ihr Ernst sein. Meinen Sie nicht, dass Job und Familie vereinbar sind?" Er sah mich an und meinte: „Eine Mutter schadet doch der Familie, wenn sie sich der Karriere widmet. Meine Frau ist schon immer zuhause und kümmert sich um das Haus und die Kinder." Daraufhin fragte ich ihn: „Meinen Sie, dass ihre Frau glücklich damit ist?" Darauf hatte er keine Antwort und schneller als ich dachte, endete das Gespräch, mit dem Vorwand, dass er gleich den nächsten Termin hätte.

Diese Firma verließ ich bereits nach kurzer Zeit wieder, weil ich das Gefühl hatte, dass mein Chef der Typ von Mann war, der andere Frauen nicht vorwärtskommen ließ. Ich wollte mich jedoch weiterentwickeln und war auf der Suche nach einem Unternehmen, das Frauen ernst nahm, indem

Frauen akzeptiert und wertgeschätzt werden. Es kann doch nicht sein, dass wir diskriminiert werden, weil wir Brüste haben, weil wir weiblich sind und weil wir Kinder bekommen können? Auch, dass Frauen so wenig wertgeschätzt werden, indem sich Männer, wenn sie unter sich sind, über die Formen des weiblichen Körpers lustig machten. Wo ist der Respekt gegenüber einer Frau?

Meine weitere Reise führte mich in einen großen Handelskonzern. Ich begann dort als Leiterin für Neue Medienkooperationen. Auch wenn ich hier eine tolle Zeit erlebte, saß ich oft mit bis zu zehn Männern in Meetings und musste mir eben auch anhören wie zum Beispiel ein Mann zu mir sagte: „Frau Ahrens, ich kann mich gar nicht konzentrieren, weil ich Ihnen ständig auf die Beine schauen muss." Wortgewandt antwortete ich in die Runde: „Wenn er sich davon ablenken lässt, dann hat er zwar einen guten Geschmack – gehört aber eigentlich nicht in das Meeting, denn das ist unprofessionell." Leises Lachen im Raum. Dennoch wurde mir der Charakter der Sitzung und der geballten Herren bewusst, denn kein Mann sagte irgendetwas dazu. Alles wurde bagatellisiert. Auch die sexistischen Witze und zottigen Sprüche, die gerissen wurden. Dennoch blieb ich diesem Unternehmen viele Jahre treu, denn ich hatte tolle Aufgaben und wurde zudem auch zweimal befördert – bis mir von einem Headhunter eine großartige Aufgabe angeboten wurde.

Als dritte in einem Geschäftsführerteam in einem großen Versandhaus begann ich meinen neuen beruflichen Abschnitt. Diese Position bedeutete für mich, einen herausragenden Karriereschritt zu machen.

Nach außen trat das Unternehmen sehr vorbildlich in Sachen Frauenförderung und Frauenquote auf. In Reden oder Publikationen erwähnte der damalige CEO immer wieder, wie wichtig es wäre, Frauen zu fördern, sie immer wieder zu unterstützen und immer wieder die Frauenquote zu bedenken. Das gefiel mir, hier würde ich sexuelle Belästigungen bestimmt nicht erleben.

Dass hier nur leere öffentliche Worte flossen, bestätigte eine Beiratssitzung, in der die neuen Mitarbeiter – so wie auch ich – vorgestellt wurden. Da mein Name mit A beginnt, war ich die Kollegin, die zuerst vorgestellt wurde. Auf einmal stand mein damaliger Beiratsvorsitzender empört auf und sagte: „Warum muss denn die Frau zuerst vorgestellt werden – ist das schon wieder so ein Frauenquoten-Ding?"

Ding? Mit geöffnetem Mund stand ich da und war nicht in der Lage, ihn zu schließen. Wie sollte ich reagieren? Sollte ich einfach gehen? Er war schließlich derjenige, der den größten Teil des Unternehmens hielt und den Beirat leitete? Ich war neu und konnte mich ja nirgends beschweren. Zumal hatte er so viel Macht, um mir innerhalb kürzester Zeit meine gesamte Karriere kaputt zu machen. Außerdem war ich – wie so viele andere auch – auf mein monatliches Gehalt angewiesen.

Darüber hinaus beobachtete ich wiederholt, dass niemand etwas dazu sagte. Was waren das für Führungskräfte? Wie entwickelte sich unsere Gesellschaft, wenn alle nur noch zuschauten? Denn zuschauen und nichts sagen, heißt zustimmen.

Diese schockierende Situation zeigte mir wieder, dass Frauen im Management noch nicht selbstverständlich sind.

Wie mir klar wurde, sexuelle Belästigung betraf alle Berufsgruppen
Ja, ich bin nicht die einzige. Später las ich in einer Studie, dass sich jede zweite Frau schlüpfrige Bemerkungen über Ihre Figur oder Ihr Privatleben gefallen lassen muss. Jede dritte Frau berichtet von eindeutig zweideutigen Angeboten, etwa durch Po-Kneifen oder pornografischen Bildern am Arbeitsplatz. Jeder fünften wurde überraschend an die Brust gefasst. Jede sechste wurde mit aufgedrängten Küssen belästigt oder mit Briefen und Telefonaten mit sexuellen Anspielungen. Jede zehnte wurde zum Geschlechtsverkehr aufgefordert. Jede zwanzigste wurde mit Nachteilen im Job bedroht, falls sie nicht gefügig ist. Jede dreißigste berichtete von Exhibitionismus der Kollegen und von Vergewaltigung. Viele weibliche Opfer haben berufliche Nachteile, falls sie sich zur Wehr setzen oder eindeutigere Avancen ablehnen.

Belästigungen sexueller Art gehören nach wie vor leider zum Alltag. Psychologen meinen, dass das, was als sexuelle Belästigung wahrgenommen wird, in Wirklichkeit ein getarntes Machtspiel sei. Haben sie damit recht? Ich bin mir nicht so sicher.

Heute weiß ich, mein wichtigster Job ist nicht der Job im Management, sondern ich möchte dafür sorgen, dass Frauen, die einmal nach mir kommen, es einfacher haben werden. Bis jetzt habe ich noch nicht das Gefühl, dass es besser geworden ist. Es ist traurig, aber ich kann damit umgehen und kann etwas dafür tun, um darauf aufmerksam zu machen.

Auch über meine Mitgliedschaft im Verein „Frauen helfen Frauen in Not e.V." Und vor allem darüber, dass ich Frauen in meiner Führungsposition unterstütze. Mein heutiges Team ist zu 60 Prozent mit hochkarätigen Frauen besetzt und spiegelt damit die Belegschaft.

Hass ist die Rache des Feiglings dafür,
dass er eingeschüchtert ist.
George Bernard Shaw

Eine Fusion gibt es nicht zum Nulltarif

Wie Hass eine neue Dimension bekam und
doch das Eis gebrochen wurde

Eiskalt und extrem abweisend. Anders kann ich die Atmosphäre nicht
beschreiben. Menschen, die uns zunächst freundlich begegnet waren,
machten komplett dicht und schauten uns feindselig an. Selbst eine
Begrüßung, als wir den Raum betraten, blieb aus. Dieses Verhalten erschütterte mich regelrecht. Angst und geballter Hass standen wie böse
Geister im Raum, und vor allem, war ich die Projektionsfläche dieser Gefühle. Natürlich kam das nicht von ungefähr, diese Menschen fürchteten
um ihre Zukunft. Ihr Unternehmen, über Generation von einer Familie
geführt, war für sie völlig überraschend und quasi über Nacht an einen
ausländischen Großkonzern verkauft worden. Statt die Führungsebene
im Vorfeld der Übernahme mit ins Boot zu holen, hatten die Eigentümer vollendete Tatsachen geschaffen. Das traf die meisten Mitarbeiter
wie ein Dolchstoß, galt doch das Traditionsunternehmen als unantastbar
und als eine Institution, der man nie ein Haar krümmen würde. Ich weiß,
dass Führungskräfte, alles gestandene Männer, weinten als sie von dem
Verkauf erfuhren. Doch nicht nur sie, die ganze Belegschaft fühlte sich
verraten und an einen Wettbewerber verkauft. Die Situation drohte zu
entgleisen, die Trauer verwandelte sich in Trotz.

Ich vertrat gewissermaßen den „Feind", den Konzern-Hai, der das
stolze Fischlein gierig verschlang. Für meine Kollegen und mich, geschickt, um vor Ort die Fusion im Finanzmanagement zu vollziehen, war
das eine riesige Herausforderung, jedoch nicht auf der fachlichen Ebene.
Mit Mitte 30 war ich lange genug im Job und professionell genug, um eine

solche Aufgabe zu meistern. Als anerkannte und gut vernetzte Finanzchefin glaubte ich, durch mehrere Feuertaufen gegangen zu sein. Ich traute mir viel zu, natürlich auch diesen Millionendeal.

Als Haken erwies sich jedoch der Faktor Mensch. Geschäfte werden nicht nur zwischen Unternehmen gemacht, sondern vor allem von Menschen. Stehen große Veränderungen an, leuchtet es ein, dass Skepsis, Angst und Widerstand als erste Reaktion vieler Mitarbeiter aufkommt. Schließlich scheint es so, dass man alles, was einem im Unternehmen lieb und teuer geworden ist, verliert. Und damit ähnelt es einem persönlichen Verlust.

Schon vor unserem Eintreffen hatten die Medien den Boden mit negativen Schlagzeilen bereitet, fast täglich las man Reißerisches über unseren Konzern. „Ein Trauerspiel, ein Blutopfer", titelten die Zeitungen. Diese morgens aufzuschlagen, war immer mit Nervosität verbunden, was hatte man sich jetzt wieder ausgedacht. Die Kritik von Umweltschützern wurde verzerrt und in falsche Zusammenhänge gebracht, dazu holte man ein paar alte Fehlentscheidungen des Konzerns aus der Mottenkiste. Richtig heftig wurde es, als wir andeuteten, dass mittelfristig eine Verlegung des Firmensitzes in unsere deutsche Zentrale geplant sei. Die Zeitungen machten weiter Stimmung gegen uns. Eine ganze Stadt schien beleidigt und bis ins Mark getroffen, dass die Eigentümerfamilie eines so langen ansässigen Unternehmens sie offenbar im Stich ließ.

Zerstochene Reifen und verbogene Scheibenwischer

Nicht nur in Meetings schlug uns Verachtung entgegen, auch in der Kantine wollte niemand neben uns sitzen. Man fühlte sich an Schulzeiten und alberne Kindereien erinnert. Eines Abends, wir arbeiteten in einem Container auf dem Firmengelände, fand mein Vorgesetzter seinen Wagen mit zerstochenen Reifen vor. Der Hass bekam eine neue Dimension. Wir beschlossen nach kurzer Diskussion die Sache nicht zur Anzeige zu bringen, um nicht weiteres Öl ins Feuer zu gießen und so vielleicht den Medien noch mehr vergiftetes Futter zu liefern. Auch den verbogenen Scheibenwischer an meinem Wagen ließ ich auf sich beruhen. Angst um meine eigene Sicherheit hatte ich bei all dem nie, das passt ohnehin nicht zu mir. Denn Angst ist ein schlechter Berater, ich halte Objektivität und Mut für die besseren Impulsgeber.

Anonyme Anrufe und sexuelle Gerüchte. War das schon Stalking?
Wehren musste ich mich als anonyme Anrufe in der Nacht kamen und Gerüchte über mein angeblich „ausschweifendes" Sexualleben die Runde machten. Von einem wilden Treiben konnte nicht die Rede sein, ich hatte seit Jahren einen festen Freund und zeigte mich mit ihm öffentlich. Dass er noch verheiratet war, nahm man offenbar im Betrieb – wie in der katholisch geprägten Kleinstadt – zum Anlass, mich zu verunglimpfen. Die Anrufe wurden zusehends massiver, ja verletzender. Schimpfwörter fielen, die man nicht wiederholen kann. Da wusste offenbar jemand mehr über mich, nicht nur wie ich mich kleidete, sondern auch in welcher Funktion ich die Fusion begleitete. Nachts stellte ich mein Handy auf lautlos, trotzdem war es erschreckend, wenn man aufstand und zehn anonyme Anrufe feststellte. War das schon Stalking? Ich ging zur Polizei, der einzig richtige Weg. Der Anrufer war schnell ausfindig gemacht. Ein 56-Jähriger, der im Hochlager des Traditionsunternehmens arbeitete und das schon sein halbes Leben. Er hatte tatsächlich von seinem Handy aus mehrfach angerufen. Täglich die gleichen Anläufe, keine Fortbildungen, die Routine gab ihm offenbar Sicherheit. Er, überfordert mit den Veränderungen, sah sein Zuhause untergehen und hatte mich ins Visier genommen, um seiner Enttäuschung Luft zu machen. Doch er war nicht allein, seine Meinung teilten viele. In der Vernehmung gab er das auch zu Protokoll. Mir wurde nicht erst dann klar, hier arbeiteten nicht Einzelne gegen uns, sondern im Grunde alle. Niemals hätte ich gedacht, dass eine negative Gruppendynamik ein ganzes Unternehmen mit hunderten Mitarbeitern derart in Beschlag nimmt.

Hier prügelte man den Esel, meinte aber den Reiter
Als uns bei Meetings nur gezielte Missachtung entgegenschlug, traf mich das, wusste aber: Man griff uns nicht persönlich an, sondern unsere Rolle und den fremden Konzern, den wir repräsentierten. Hier prügelte man den Esel, meinte aber den Reiter, wie es im Sprichwort heißt.

Mein viel älterer Vorgesetzter besaß bereits ein dickes Fell, ich legte mir eines zu – auch mit der Hilfe meines Coaches. Wenn ich versucht war den Konflikt und die Anfeindungen persönlich zu nehmen, telefonierte ich mit ihm. Das hat mir oft geholfen, Ruhe zu bewahren. Auch wenn ich ein ruhiger und gelassener Typ bin, der Spießrutenlauf damals hätte mich alleine wahrscheinlich überfordert. Dass ich eine Frau bin, spielte übrigens keine Rolle. Mein Chef war mir auch eine wirklich große Hilfe. „Das Schweigen erlebe ich jeden Tag, nehmen Sie es nicht persönlich.", sagte mir der Chef in den ersten schwierigen Wochen in der von uns aufgenommenen Firma, die sich nun neu erfinden musste.

Wo waren die Stellschrauben, an denen ich drehen musste, damit die Belegschaft Vertrauen fasste und während des Integrationsprozesses Zuversicht schöpfte? Die Ängste werden in der Regel umso größer, je länger die Mitarbeiter nicht wissen: Was kommt auf mich zu? Anders als die ehemaligen Eigentümer wollten wir nicht mit konkreten Informationen warten bis alles „in trockenen Tüchern" war, denn was das an allgemeiner Verunsicherung nach sich zog, spürten mein Team und ich gerade.

„Kein Informationsvakuum", war mein Credo. Alles andere schürt Gerüchte und Halbwahrheiten. Was passiert in einem Unternehmen, wenn eine Fusion von seinen Mitarbeitern nicht gewollt ist? Wie geht man als zunächst Außenstehender mit Ignoranz und geballtem Mobbing um, wenn die Ursachen dafür aus psychologischer Sicht klar auf der Hand liegen? Die Management-Formel „Culture eats strategy for breakfast" kam mir in den Sinn – jedes Unternehmen hat eine Sammlung von Traditionen, Werten und Glaubenssätzen, und trifft dieses Konglomerat im Zuge einer strategischen wie auch finanziellen Neuausrichtung auf ein anderes, geht es nur mit gegenseitigem Respekt. Dieser Prozess der Annäherung kostet Zeit, Energie, Disziplin und – wie ich aus meiner Erfahrung als Finanzmanagerin wusste – auch nicht wenig Geld. Eine Fusion gibt es nicht zum Nulltarif.

An Synergien interessiert

Mir kam meine offene kommunikative Art zur Hilfe. Ich blieb in Kontakt und stellte mich reflektiert jeder Situation. An Synergien interessiert, versuchte unser Team den verhärteten Führungskräften klarzumachen, dass wir Verbündete sind und keine Gegner. Der Kampf um ein neues Leitbild hatte uns getrennt. Jetzt war es höchste Zeit, das obere Management zu gewinnen, damit sie die veränderte Corporate Identity der Belegschaft vorlebten. Ein neues It-System, Stellenbesetzungen sowie Markt- und Produktstrategien – durch den ehrwürdigen Bau wehte nun amerikanische Luft. War es bislang üblich, promovierte Kollegen mit Titel anzusprechen, wurde nun das „Du" ausgesprochen. „Eine Frage der Gewöhnung", meinte der Personalleiter trocken. Hier waren es erstaunlicherweise eher Frauen, die sich auf diese neue Sprachkultur einließen, einige weibliche Führungskräfte begannen damit, andere zogen nach.

Nach der Fusion fiel der Mann gleichsam in einen „Winterschlaf"
Was den Trotz angeht, kann ich mich an ein extrem hartnäckiges Beispiel erinnern. Schon der Großvater hatte im Unternehmen gearbeitet, sein Sohn stand im zweiten Ausbildungsjahr. Da hatte die Familie natürlich die alte Unternehmenskultur inhaliert. Nach der Fusion fiel der Mann gleichsam in einen „Winterschlaf", tat nur noch Dienst nach Vorschrift und folgte auch nur bedingt den Anweisungen der Vorgesetzten. Auch verschwand er mehrmals von seinem Arbeitsplatz und schlenderte stundenlang durch die Stadt. Selten erlebte ich eine solche Provokation, eine Abmahnung stand bereits in seinen Akten. Ich brauchte dringend Zahlen und Statistiken von ihm und wurde ständig vertröstet. In einem „Vier-Augen-Gespräch" kam heraus, dass der Mann nicht nur Frust, sondern auch ein Alkoholproblem hatte, sicher trank er schon vor der Fusion. Die Krise, wie er den Zusammenschluss begriff, hatte seinen Griff zur Flasche verstärkt. Hier traf es sich gut, dass unser Konzern einen hauseigenen Suchthelfer beschäftigte, der als Dritter hinzugezogen werden konnte. Ich veranlasste sein Kommen und der erkrankte Mann ließ sich ohne Murren und im Beisein des Betriebsrates auf ein Gespräch ein. Alles nahm eine gute Wendung und letztlich entschied sich der Mitarbeiter für eine Suchttherapie, denn das Unternehmen wollte er auf keinen Fall verlassen. Durch diesen, an sich dramatischen Fall, wurde auch vielen „alten Hasen" klar, dass unser Großkonzern mit seinem betrieblichen

Angebot durchaus Vorteile bringen kann und sich auch um Mitarbeiter kümmert. Vielleicht ein erster Eisbrecher. Es ist nichts so schlecht, dass es nicht auch etwas Gutes hat – eine Erfahrung, die mir im Berufsleben immer wieder begegnete.

Wie das Eis langsam brach

Das Eis brach ausgesprochen langsam, streng genommen brauchte es drei Jahre bis die Wunde der gefühlten Kränkung schloss. Das von den Eltern verlassene Kind, sprich das Traditionsunternehmen, begann sehr vorsichtig seine schöne Sandkastenschaufel zu zeigen und schließlich mit neuen Gefährten – uns – zu teilen. Symbiose hat bekanntlich eine eigene Dynamik. Natürlich gab es auch Managementwechsel, nicht jeder konnte oder wollte den neuen Kurs mitgehen. Ein Wendepunkt war sicher der Firmenlauf, dessen Teilnahme ich anregte, denn ich jogge bei Wind und Wetter viele Kilometer und weiß, wie die Anstrengung den Kopf freimacht und Glückshormone ausschüttet.

Anreiz mit Laufschuhen

Mein Team saß nun das zweite Jahr im Container, unsere Reifen blieben zwar inzwischen heil und auch in der Kantine hatte die Belegschaft mit uns zaghaft die Friedenspfeife geraucht, doch von einer echten Harmonie oder gar übergreifenden Unternehmenskultur konnte noch nicht die Rede sein. Quirlig machte ich also Werbung für meine Idee. Noch waren es drei Monate Zeit, um sich für den großen Lauf vorzubereiten, an dem wieder hunderte Firmen aus ganz Deutschland teilnehmen sollten. Unser Konzern war seit Jahren mit einer stattlichen Läufergruppe dabei, diesen Fun und die Publicity wollte man sich nicht entgehen lassen. Mein Team im Container war natürlich auch dieses Mal angemeldet, aber konnte ich es schaffen, die sturen „Traditionalisten" mit ins Boot zu holen? Ich überlegte mir einen Anreiz in Gestalt von Laufschuhen. Jeder, der mitlief, sollte diese gestellt bekommen. Richtig gute Laufschuhe, natürlich mit unserem Logo. Die Unternehmenskommunikation nickte meine Idee ab und wartete auf Information, wie viele teilnehmen würden. In der ersten Woche nichts, ebenso in der zweiten Woche keine einzige Meldung.

Wie das Container-Lauf-Team Barrieren brach

Eine einfache Strategie musste her: die- Sandkastenschaufel-will-ich-auch-haben-Strategie. Ich „gründete" mit meinen Mitarbeitern das „Container-Lauf-Team" und kommunizierte deren Kampfgeist für den großen Firmenlauf. Wir zeigten unsere neuen Schuhe her und liefen nach Feierabend in einer Gruppe mit zehn Läufern durch den städtischen Park. Bald berichtete die Presse über unsere schnellen Runden. Endlich mal eine positive Nachricht über den „bösen US-Konzern".

Das obere Management muss die neue Kultur vorleben, das ist das Geheimnis einer gelungenen Fusion. Warum sollte das nicht auch uns helfen? Ich sprach den CEO an, ob er nicht Lust habe, sich gemeinsam mit uns einem sportlichen Wettbewerb zu stellen. Mehr als Spaß und Spenden für die gute Sache komme dabei nicht heraus, lockte ich ihn. Er hatte Lust, wollte aber nicht gemeinsam mit uns im Park trainieren. Dennoch konnte ich ihn gewinnen, im Unternehmen die Werbetrommel zu rühren, denn die Zeit drängte. Er versprach es. Ein energischer Mittvierziger, der sein gutes Händchen schon in internationalen Projekten bewiesen hatte. Fast noch wichtiger: er stammte aus einer anderen deutschen Region und garantiert hatte keiner seiner Vorfahren im Unternehmen am Band gestanden oder im Büro gesessen. Er war unsere Schlüsselfigur, die Tradition saß ihm nicht im Nacken.

Einige Tage später sahen wir, dass auf seiner Dienstlimousine ein kleines Plakat von innen an der Scheibe hing, das den Firmenlauf bewarb – handschriftlich vermerkt: „Und ich laufe mit, du auch?" Ehrlich gesagt, es verschlug mir die Sprache, was absolut selten vorkommt. Und seine launige Aufforderung zeigte tatsächlich in den darauffolgenden Tagen Wirkung, etliche Läufer kamen aus ihrer Deckung und trugen sich in meine Teilnehmerliste ein. Es wurde Zeit, die T-Shirts für den Lauf zu organisieren und ich gab die Bestellung weiter: „Wir benötigen 28 Stück!" Immerhin.

Teambuilding at it's best

In der Startreihe machten wir uns warm, weit über 200 Läufer mit dem Konzern-Logo trippelten aufgeregt hin und her. Im Meer der Läufer, et-

113

liche zehntausende Menschen drängten sich um uns, waren wir mit unseren Shirts und den einheitlichen Schuhen gut als Team zu erkennen. Immer wieder bemerke ich bei solchen Charity-Läufen, dass keinerlei Konkurrenzdenken zwischen Frau und Mann oder quer durch die Hierarchien aufkommt, jeder läuft, so gut er kann. Die Teams bleiben zusammen, man hilft einander, und wenn einer schwächelt, kann schon ein ermutigendes Lächeln helfen – Teambuilding at it's best. Zum ersten Mal erlebten unsere „Traditionalisten" den Teamgeist des Konzerns, diesen besonderen Spirit. Das war absolut ansteckend und für mich bewegend.

Ich bin bis heute der festen Überzeugung, dass ein Mitarbeiter nach einem solchen Lauf ein anderer ist. Man hat den Vorgesetzten völlig durchgeschwitzt gesehen, man ist überrascht von der Dynamik der älteren Assistentin und spürt sich selbst entlang der Strecke bis aufs Mark. Wir wurden zwar keine Sieger, aber gewannen doch sehr viel. Bei der anschließenden Feier wurden Namen und Visitenkarten ausgetauscht. Die Konzern-Zentrale und sein rund 100 Kilometer entfernter Neuzugang rückten näher. Die Basis für die Identifikation mit dem Konzern war gelegt. Der Lauf machte in der Folge vieles einfacher. Nicht der Konzern, sondern die Menschen dahinter wurden gesehen. Man hatte durch den Lauf Erinnerungen geschaffen, ein kleines Stück gemeinsamer Biografie entstand.

Nach gut vier Jahren war das Gröbste geschafft, die Fusion organisatorisch wie finanzplanerisch vollzogen und wir konnten den Container, unser Schiff in der Brandung, räumen.

Auf Trotz kann man nicht mit Trotz reagieren
Für mich war diese Zeit im fremden „Sandkasten" eine sehr wertvolle wie auch massive Erfahrung. Ich glaube, ohne meine doch sehr offene Art auf Menschen zuzugehen, hätten sich weitaus mehr Hürden für mich aufgetan. Auf Trotz kann man nicht mit Trotz reagieren. Die persönlichen Anfeindungen, die nächtlichen Anrufe, sehe ich der Panik dieser Menschen geschuldet, was aber das kriminelle Verhalten Einzelner nicht entschuldigt.

Wenn ich formulieren sollte, welche fundamentale Erfahrung ich aus dieser Zeit mitnehme, so ist es die: Der Mensch hat zwei große Ängste – die Angst, etwas zu verlieren und die Angst, etwas nicht zu bekommen, folglich einen Mangel zu erleiden. In diesem Fall fürchtete man den Verfall einer gut funktionierenden Struktur und den unwiederbringlichen Verlust einer Unternehmenstradition mit anerkannten Werten.

Die Eigentümer, die geistigen Eltern, hatten sich mehr oder weniger „aus dem Staub" gemacht. Diffuse Verlustängste kreisten in der alten Belegschaft: Verliere ich meinen Arbeitsplatz? Werde ich versetzt in die entfernte Zentrale? Kippen jetzt meine Karriere-Chancen? Mir wurde auch bewusst, welch starker Faktor stolz sein kann: im Guten, wie im Schlechten.

Wenn ich mich heute scherzhaft kneife, spüre ich mein richtig dickes Fell. Aber im Ernst: Der Rollenkonflikt, mit dem ich dort über lange Zeit konfrontiert war, ist nichts für Feiglinge. Die Kritik war anfangs auf Kellerniveau – aber nicht persönlich gemeint. Das muss man souverän wegstecken können und objektiv sowie sachlich in der Begegnung bleiben. Ich bin in dieser Zeit sehr gewachsen und habe vor allem im zwischenmenschlichen Bereich sehr viel gelernt, wovon ich in meiner weiteren Karriere immens profitierte. Vor allem die Fähigkeit, ruhig zu bleiben, wenn es heiß hergeht und Angriffe nicht persönlich zu nehmen, sind immer wieder von großem Nutzen gewesen.

*Die Menschen sind da, um einander zu helfen,
und wenn man eines Menschen Hilfe in rechten Dingen nötig hat,
so muss man ihn dafür ansprechen.*
Jeremias Gotthelf

Müssen weibliche Führungskräfte kalt sein?

Soziale Kälte ist für mich nicht angesagt

Ich möchte beginnen mit einer Gegenfrage: Müssen weibliche Führungskräfte kalt sein? Natürlich nicht! Na also! Und genau so wenig müssen sie unsozial handeln. Soziale Verantwortung wird in und für Unternehmen zunehmend wichtiger. Nach Krisen wird sie zum Mehrwert eines Unternehmens.

Führungskräfte sind oft schwierigen Situationen im Team ausgesetzt. Und die Anzahl an Entscheidungen, die täglich getroffen werden müssen, sind vielfältig. Auch wenn soziale Verantwortung gegenüber den Mitarbeitern ernst genommen werden muss, ist es wichtig die richtige Balance im Team herzustellen.

Ich gehörte zum Führungsteam eines Dienstleistungsunternehmens – mit mehr als 150 Niederlassungen – deutschlandweit. Das Unternehmen befand sich aktuell in einem großen Restrukturierungsprozess. Die Prozesse waren schwierig, da die letzten Investitionen dramatisch unter den Abschreibungen lagen. Das Unternehmen wollte weg von der Matrix-Organisation, um eine schlanke und wendige Linien-Organisation zu entwickeln, die schnelle Entscheidungen ermöglicht. Der starke Wettbewerb führte zu neuen Anforderungen an Strukturen, Prozessen, Systemen und an das Management. Die generelle Stimmung im Unternehmen war absolut negativ. Und die Mitarbeiter erschienen demotiviert und hatten Angst, dass die Restrukturierung viele Arbeitsplätze kosten würde. Letztlich ging es darum, leichtere und schnellere Strukturen zu schaffen und Abstimmungsschlaufen und Komplexität zu reduzieren.

117

Mein Team, mit 18 Mitarbeitern, befand sich ebenso in einer Stresssituation. Wir mussten Meilensteine in bestimmten Zeiträumen erreichen.

Zu viele Aufgaben verhindern soziales Handeln zum richtigen Zeitpunkt
Im Stress der Zielerreichung kann es vorkommen, dass Führungskräfte manchmal nicht schnell genug erkennen, wann es Störungen gibt, die ernst genommen werden müssen. Vor allem, wenn es um das Team und um einzelne Mitarbeiter geht. Leider war ich eine dieser unachtsamen Führungskräfte. Ich merkte im Eifer des Gefechtes erst relativ spät, wie es einer meiner Mitarbeiterinnen ging.

Körperlich völlig verändert erschien mir auf einmal eine Mitarbeiterin: Marion Micha. Während sie früher immer pummelig erschien, schien sie jetzt enorm an Gewicht verloren zu haben. Auch wirkte sie nicht mehr so optimistisch. Eher traurig und versunken in eine andere Welt.

Viele Kollegen überhäuften sie in der letzten Zeit mit Vorwürfen, redeten in abfälliger Weise über sie und beschwerten sich regelmäßig bei mir, da sie ohne Engagement arbeiten würde. Sie wäre nicht teamfähig und würde zu langsam agieren. Ich sah mir die Situation erst einmal einige Zeit an. Darüber hatte ich so viel zu tun, dass ich einfach keine Zeit hatte, mit ihr zu sprechen bzw. zu handeln.

Dennoch, war ich aufgefordert zu handeln. Ich musste mich schnellstmöglich dieser Sache annehmen. Schließlich war ich die Chefin und die Mitarbeiter verhielten sich ihr gegenüber immer ungerechter. Aber was war mit ihr los?

Als mir meine Mitarbeiterin ihre medizinische Diagnose gestand
Ich rief sie zu mir ins Büro. Ausgehend von einem geschäftlichen Thema, das wir besprachen, fragte ich Sie, was mit ihr los sei, da ich bemerkte, dass sie enorm an Gewicht verloren hätte. Aber auch die Unstimmigkeiten im Büro sprach ich an. Etwas fassungslos, dass ich danach fragte, antwortete sie: „Sie wissen ja, dass ich in der letzten Zeit einige gesundheitliche Beschwerden hatte und immer mal zu Hause bleiben musste. Vor zwei Monaten war ich ja einige Zeit in der Neurologie und die Diagnose für meine Schwächeanfälle steht nun fest. Ich wollte auch schon

lange mit Ihnen sprechen, aber es viel mir schwer. Ich musste selbst erst einmal damit klarkommen. Und irgendwelche Sonderbehandlungen aufgrund meines Zustandes möchte ich auch nicht." Ich fragte nach, welche Diagnose denn gestellt wurde. „Ich habe Multiple Sklerose oder kurz gesagt MS", so Micha.

Sie war noch so jung. Erst 36 Jahre alt. Ich war schockiert und wusste nicht, was ich im ersten Moment dazu sagen sollte. Worte des Mitleides waren jetzt absolut fehl am Platz. Darüber hinaus war ich erstaunt darüber, dass sie so gefühllos vor mir stand und sie mit mir sprach, als würde sie über eine andere Person sprechen.

Mir war Multiple Sklerose als eine chronische Erkrankung des zentralen Nervensystems bekannt. Später las ich, dass es durch die Entzündung von Nervenstrukturen zu unterschiedlichen Beschwerden wie Seh- und Gefühlsstörungen, Schmerzen oder Lähmungen kommen konnte. Diese Erkrankung ist eine Autoimmunerkrankung und beginnt meist im frühen Erwachsenenalter zwischen 20 und 40 Jahren. 130.000 Menschen sind in Deutschland davon betroffen. Frauen erkranken häufiger daran als Männer.

Mein Arbeitspensum ließ mich weder nach links noch nach rechts schauen

Ich hatte ein schlechtes Gewissen. Warum hatte ich nicht schon vorher mit ihr gesprochen. Ich war so sehr mit meinem Arbeitspensum beschäftigt, dass ich weder nach links noch nach rechts sah.

Dieses Gespräch belastete mich sehr. Im letzten Jahr eckte Frau Micha immer öfter mit den Kollegen zusammen. Früher kam sie immer gut mit allen aus, im letzten Jahr schien sich bei ihr alles verändert zu haben, da sie sich sehr oft krankmeldete. Manchmal in Sitzungen sogar einschlief. Jetzt verstand ich, warum.

Niemand hatte sich im Team näher mit ihren häufigen Krankheitsausfällen beschäftigt, so wie auch ich. Viele Kolleginnen störte es, dass sie immer pünktlich auf die Minute das Büro verließ. Heute weiß ich: Sie verließ es deshalb, weil sie nach einem langen Arbeitstag völlig erschöpft war und vermutlich fiel sie zuhause sofort ins Bett. Sie hatte sich von allen sehr distanziert und garantiert auch aus Angst, den Aufgaben nicht mehr gewachsen zu sein. Viele Wochenenden verbrachte sie mit starken Migräneanfällen im Bett, wie sie mir erzählte.

Wie konnte ich das Team motivieren, ihr zu helfen?

Aber wie konnte ich ihr helfen? Und wie schaffte ich es, im Team wieder eine gesunde Balance herzustellen. Alle waren sauer auf sie, weil sie während ihrer Krankheitsphasen sämtliche Arbeiten mit erledigen mussten. Alle hatten sich persönlich von ihr distanziert. Mit Blicken und Bemerkungen wurde sie immer wieder ausgegrenzt. Auch die Mittagspausen verbrachte Frau Micha in der letzten Zeit alleine. Sie hatte kaum noch Selbstvertrauen und Angst vor der eigenen Stärke.

Es war bereits 22 Uhr als ich an diesem Freitag das Büro verließ. Mir ließ das Thema keine Ruhe und ich reflektierte das Gespräch und die Situation im Team. Einerseits hatte ich eine Verpflichtung zu meinen Projekten und andererseits eine Verpflichtung gegenüber den Mitarbeitern. Hinzu kamen zwei neue Projekte, die im Team bewältigt werden mussten. Hinzu kam, dass man mir neulich sagte, ich würde zu weich führen. Ich gebe zu, ich habe ein großes Herz und versuche, immer wieder auch in ein Team Harmonie hineinzubringen. Außerdem finde ich, stärkt es die Motivation. Und was ist daran falsch, weich zu führen, was heißt das überhaupt? Auch ich muss mich jeden Tag in den Spiegel sehen können. Und darauf legte ich wert.

Dennoch, ich merkte, ich hatte zu spät gehandelt. Ich hätte eher eingreifen müssen und war selbst viel zu sehr mit Strategie, Meilensteinen und Umsatz, Umsatz, Umsatz beschäftigt.

Alles erschien mir jetzt unwichtig. In meinem Team gab es eine junge Frau, die wusste, dass sie in den nächsten Jahren ihres gesamten Lebens völlig eingeschränkt in ihrer Lebensqualität sein würde. Wie konnte ich ihr helfen? Wie stellte ich eine Balance zwischen den Projekten und dem Verständnis im Team her? Wie konnten wir dennoch in der gegenwärtigen Wettbewerbssituation unsere Ziele erreichen?

Es ging darum, ihre Ressourcen zu stärken und sie zu fördern, ihr zu helfen.

Erinnerung an eine krebskranke Kollegin

Ich musste an Katrin denken. Eine Kollegin, die im letzten Jahr an Brustkrebs verstorben ist. Immer engagiert, total fleißig. Sie liebte das Leben und glänzte im Team mit ihrer starken Persönlichkeit. 43 Jahre war sie, als sie einschlief. Mit dreißig Jahren erkrankte sie erstmals an Brustkrebs und es sollten 12 Jahre vergehen, bis sie wieder daran erkrankte. Man amputierte ihr damals eine Brust und füllte diese mit Silikon auf. Das Silikonkissen platzte später und Silikon gelangte nach und nach in die Leber, sodass sich eine Leberzirrhose entwickelte. Sie ließ sich damals das gesamte Silikonkissen wieder entfernen.

Als mit 42 Jahren in der anderen Brust wieder ein Mamakarzinom festgestellt wurde, versank sie zuerst in eine depressive Phase und ließ sich krankschreiben.

Als sie mir dann erzählte, dass sie schon wieder Krebs hätte und zur Chemotherapie müsse, weinte sie bitterlich. Sie weinte deshalb, weil sie sich so große Sorgen um ihre zwei Kinder machte. Wer sollte sich um sie kümmern? Der Vater hatte sie nach ihrer ersten Erkrankung – während der Chemotherapie – verlassen.

Ihre depressive Phase dauerte nicht lange. Bereits nach einer Woche stand sie wieder in meinem Büro und sagte: „Ich möchte dennoch, trotz Chemotherapie arbeiten. Die Krankschreibung habe ich hier. Mein Arzt hat mir genehmigt, dass ich währen der Chemo arbeiten kann. Und ich möchte, dass wir das morgen allen sagen."

Ich sah sie entrüstet an. Ich wusste, dagegen durfte ich jetzt nichts sagen. Voller Entschlossenheit und Stärke stand sie vor mir. Wie ein stolzer Schwan wirkte sie mit all ihrer Schönheit, den Kopf nach oben gereckt. Keine Traurigkeit, keine Tränen. Eher hatte ich das Problem, jetzt in diesem Moment meine Tränen zu unterdrücken.

Bloß nicht weinen. Du bist Führungskraft. Zeige jetzt Stärke. Keine Emotionen. Ich sagte ihr, dass ich es gut fände und sie selbstverständlich, wenn es ihr schlecht ginge, sofort das Büro verlassen könne.

Katrin verließ mein Büro. Ich musste erst einmal schlucken und noch mal schlucken. Mir standen die Tränen in den Augen. Ich schniefte mehrmals. Ich brauchte einige Zeit, um mich zu beruhigen.

Zuhause gegen Abend angekommen, weinte ich damals bitterlich. Mein Mann sagte zu mir: „Du bist Führungskraft. So etwas wird immer wieder vorkommen. Du kannst dir das so nicht zu Herzen nehmen. Das geht nicht. Reiß dich zusammen." Er hatte natürlich recht. Zur Beruhigung trank ich ein Glas Wein und versuchte alles mit meinem Verstand abzuklären. Ich musste das Team morgen über diese Situation aufklären.

Am anderen Tag saß ich mit 14 Mitarbeitern und Katrin im Konferenzraum. Vorher kam Katrin gefasst und fast – wie eh und je – in mein Büro. „Pass auf, ich werde das den Leuten heute selbst sagen. Ich möchte nicht, dass du das für mich tust." „Okay", antwortete ich gefasst.

Ohne Gefühle und mit knappen Sätzen beschrieb Katrin den Leuten ihre Situation. Während sie sprach, konnte ich bei manchen Mitarbeitern Tränen in den Augen beobachten. Eine Kollegin weinte so extrem, dass sie fluchtartig den Raum verließ. Zum Schluss sagte Katrin „Ich danke Euch allen. Ihr seid ein tolles Team."

Es ging dann ziemlich schnell. Katrin schaffte es nicht lange, während der Chemotherapie bei uns zu arbeiten. Aber das gesamte Team, gemischt mit Männern und Frauen, unterstützte sie bis zum Schluss. Alle standen hinter ihr.

Der Direktor der hiesigen Frauenklinik erzählte mir, dass Brustkrebs die häufigste Krebserkrankung bei Frauen sei. Über 70.000 Mal im Jahr stellen Ärzte aktuell die Diagnose „Mammakarzinom" bei einer Frau, über 17.000 Frauen sterben jährlich daran. Wenn auch die häufigste, so ist Brustkrebs in der Regel nicht die gefährlichste Krebsart bei Frauen. Rechtzeitig erkannt und behandelt, sind die meisten Erkrankungen heilbar. Bei Katrin war sie nicht heilbar – wie auch bei den TV-Moderatorinnen Miriam Pielhau oder Jana Thiel.

Geschockt waren wir, als uns mitgeteilt wurde, dass sie den Kampf mit dem Krebs verloren hatte. An diesem Tag saßen wir einige Minuten fassungslos im Konferenzraum und schwiegen uns an. Ich schickte dann alle zeitiger nach Hause. Jeder Mitarbeiter musste diese Nachricht auf seine Weise verdauen.

Wachstum und Umsatz waren unwichtig geworden

Im Leben ging es um viel mehr. Im Leben ging es darum, in Notzeiten einen Mehrwert zu bieten. Einen Mehrwert für das Leben eines Menschen. Einen Mehrwert mit Wertschätzung und Respekt.

An der Beerdigung am Wochenende nahmen alle teil. Auch wenn wir als Team, als Kollegen, auftraten, war jeder für sich alleine dort. Fast war es so, als wäre sie mit uns anwesend und würde uns davon abhalten, auf ihrer Beerdigung zu weinen. Sie wurde auf der grünen Wiese beerdigt. Das war ihr Wunsch. Und niemals wieder fand ich ihr Grab.

Damals musste ich mir für meine Leute Zeit nehmen. Ich musste ihnen zeigen, wie stark ich bin und ich musste die beherrschte Brandung sein.

Zu wenig Informationen können falsches Handeln hervorrufen

Dieses Mal musste ich anders agieren. Frau Micha wurde schon einige Zeit gemobbt, weil sie ihre Arbeitsleistungen nicht in ausreichender Weise erbracht hatte. Natürlich wussten alle nichts von der Erkrankung. Und wie schnell kann es vorkommen, wenn man nicht genau über die Tatbestände informiert ist, falsch zu handeln. Jeder baut sich dann seine eigene Welt auf.

Ich sprach am nächsten Tag noch einmal mit Frau Micha. „Frau Micha, ich weiß, dass sie in der letzten Zeit keine gute Zeit im Team hatten. Das liegt einfach auch daran, dass niemand von Ihrer Erkrankung und den Symptomen etwas wusste. Sie wissen, ich schätze Sie sehr. Ich möchte Ihnen helfen, wieder Fuß in unserem Team zu fassen. Ich möchte, dass Ihnen Verständnis entgegengebracht wird. Verständnis für Ihre Situation. Verständnis für Ihre Erkrankung."

Frau Micha sah mich mit großen Augen an. Herzbewegend und traurig weinte sie. Ich ließ sie weinen. Sie hatte es gebraucht. Dann, nach einer Weile, sagte sie zu mir: „Sie haben vollkommen recht, wir müssen es sagen. Und ich möchte ja weiterhin hier arbeiten. Andererseits habe ich ja auch keine andere Wahl. Gestern bin ich während der Mittagspause eingeschlafen. Das war mir sehr peinlich. Aber Müdigkeit gehört auch zu den Symptomen von MS."

„Ich weiß", antwortete ich, „ich habe mich gestern auch noch schlau gemacht. Aber die Wissenschaft ist ja heute bereits, in Bezug auf diese Erkrankung, schon so weit fortgeschritten, dass man mit den entsprechenden Medikamenten relativ gut leben kann. Auch ihre Lebenserwartung ist nicht herabgesetzt." Ich konnte leicht reden, versuchte aber dennoch, vermutlich ziemlich unbeholfen, sie aufzubauen.

„Ich danke Ihnen", sagte Frau Micha. „Gut, dann trommeln wir jetzt die Leute zusammen. Damit sie besser verstanden werden, müssen wir es ihnen sagen und dann überlegen wir, wie wir ihren Arbeitsalltag besser gestalten können. Wenn sie einverstanden sind, würde ich gerne den sozialen Dienst des Unternehmens mit einbeziehen."

„Ja, natürlich, irgendwie bin ich Ihnen ziemlich dankbar", sagte sie erleichternd dazu. „Dennoch, Frau Micha, sie hätten zeitiger kommen sollen. Menschen sind manchmal sehr hart, wenn sie nicht wissen, um was es geht. Sie entwickeln dann ihre eigenen Geschichten. Und sie unterlassen entsprechend persönliche und fachliche Integration."

Das haben wir nicht gewusst

In der Sitzung sprach ich schließlich eher hart mit den Leuten. Es ärgerte mich, dass zwei Kolleginnen ziemlich aggressiv gegen Frau Micha vorgegangen sind. Die beiden Kolleginnen, Corinna und Tanja sagten nichts. Es schien tatsächlich, als würden sie sich schämen. Tanja, sagte zum Schluss: „Das haben wir nicht gewusst, wir haben die Situation völlig falsch eingeschätzt. Es tut mir so leid. Und ich könnte mich für mein Verhalten selbst bestrafen. Und es tut mir so leid, dass Sie, Frau Micha, diese Erkrankung haben."

Ich freute mich über Tanja, dass sie das Wort ergriffen hatte. Und dann entschuldigten sich alle bei Frau Micha.

An diesem Tag spürte ich, dass sich die gesamte Energie des Teams verändert hatte. Alle waren motivierter und Frau Micha wurde wieder mit einbezogen, auch wenn es nicht immer einfach war. Ein schwaches Glied im Team zu haben, benötigt nicht nur Verständnis, sondern auch oft Mehrarbeit für die Kollegen.

Zum Schluss wurde mir klar. Massive Mobbingkonflikte gegen Frau Micha hätten sich nicht verstärkt, wenn die Fakten über den Gesundheitszustand vorhanden gewesen wären. Ihre Gesundheit befand sich in einer Schieflage. Es wäre eine Abwärtsspirale geworden, die für alle Beteiligten hätte ganz schlecht enden können. Frau Micha hätte unter Umständen ihren Job verloren, an den sie sich nun klammerte.

Meine Strategie bestand darin, zunächst die Position von Frau Micha zu stärken und um Verständnis im Team zu bitten. Und ich appellierte an den sozialen Rückhalt. Denn im Team gab es einen Konflikt zwischen verschiedenen Interessen und Bedürfnissen. Die Auseinandersetzung mit der Person stand im Vordergrund.

Frauen sind soziale Wesen, die an einer harmonischen Gemeinschaft interessiert sind

In all den Jahren als Führungskraft war es für mich nie einfach, wenn Mitarbeiter Probleme hatten. Bis jetzt habe ich fast alles erlebt: Selbstmord, Geldsorgen, Depressionen oder Krebs. Es war niemals angenehm für mich, in menschlich brenzligen Situationen, den Auftrag des Unternehmens nicht zu vergessen.

Meine Karriere verlief bis heute großartig und ich gehöre zu den wenigen Frauen, die es bis nach oben geschafft haben. Auch wenn es heißt, wer ganz nach oben will, kann von allen nicht geliebt werden. Und Frauen würden das schlecht können. Für mich geht es nicht darum, geliebt zu werden, aber es geht darum, Mensch zu bleiben, der an einer harmonischen Gemeinschaft interessiert ist. Und das ist ein Mehrwert, den weibliche Führungskräfte heute zu bieten haben. Denn heute geht es nicht mehr darum, mit Macht und Aggressivität ein Unternehmen zur Nummer Eins werden zu lassen. Heute geht es darum, welchen Mehrwert ein Unternehmen zu bieten hat. Mitarbeiter müssen in Kopf und Herz adressiert werden, um sie durch die unruhigen Zeiten zu bringen und die Firmen vor den Wettbewerber zu platzieren. Und Mehrwert zeigt sich in Respekt, Akzeptanz und Wertschätzung. Deshalb liegen Frauen in Führungspositionen heute damit genau richtig.

Soziale Kälte ist nicht mehr angesagt. Meine Maxime: Der Mensch steht für mich als Führungskraft immer im Mittelpunkt. Dann brummt auch das Geschäft.

Es kommt für jeden der Augenblick der Wahl und der Entscheidung:
Ob er sein eigenes Leben führen will, ein höchst persönliches Leben
in tiefster Fülle, oder ob er sich zu jenem falschen, seichten,
erniedrigenden Dasein entschließen soll, das die Heuchelei
der Welt von ihm begehrt.

Oscar Wilde

Verbotene Liebe im Königs-Rudel

Zwei Seelen in meiner Brust

„Sehr geehrter Herr Vorstandsvorsitzender, sehr geehrte Herren, das ist unsere neue Pressechefin!" Der Vorstandsvorsitzende, eine riesige Brille auf der Nase, sah mich als neue Mitarbeiterin musternd an. Ich stand in dem prächtigen Konferenzraum der Villa und erfuhr diesen Moment so, als würde ich in eine andere Welt eingetaucht werden. Die fast kaiserlich eingerichtete Villa bestand aus prächtigen Sitzungsräumen mit riesigen Kronleuchtern an der Decke. Das Parkett glänzte. Die weiße Villa gehörte einer großen Bank. Hier tagten nur Vorstände. Nicht mehr amtierende Präsidenten, Vorstandsvorsitzende oder ehemalige Politiker durften hier Ihre gemeinnützigen Sitzungen im Sinne der Bank abhalten.

Ungefähr 30 Herren füllten den Raum. Erregt stand ich auf einmal vor älteren ehemaligen Bundesministern, reichen Unternehmern, einigen Dax-Vorständen, und sog den Duft von Macht, Ruhm und Eitelkeit ein. Ich spürte, auch wenn er nach Dünkel schmeckte, wollte ich davon kosten.

Ich hatte die Angewohnheit, in aufregenden Momenten, unbekannte Menschen, die mich verunsicherten, mit Tieren zu vergleichen. Ein hilfreiches Rezept, um nicht unterwürfig oder aufgeregt zu wirken. Deshalb kategorisierte ich fast automatisch alle Herren in Füchse, Löwen, Adler und in eine Maus. Die Maus war der kurzsichtige Redenschreiber von Herrn Robber. Spitzfindig, ängstlich und unterwürfig dokumentierte er die gesamte Sitzung.

„Kennen Sie den Stürmer?", fragte mich zuerst Manfred Schmidt, ein ehemaliger Minister, der etwas von einem Adler oder einer Tüpfelhyäne hatte. Ich antwortete spontan mit „Nein, (Pause) … damals lebte ich noch nicht." Diese Antwort hatte gesessen. Manfred Schmidt knurrte nur und legte dabei nachdenklich sein Manuskript auf den Tisch, ohne mich, seine neue Beute, aus den Augen zu lassen. Diese Antwort hatte er nicht erwartet. Ich musste Ahnung von Journalismus haben. Das hatte ich. Denn schließlich kannte ich mich bestens aus. Meine letzte Publikation schrieb ich über eine namhafte Persönlichkeit in der Weimarer Republik. Löwenähnlich brummte daraufhin der Vorstandsvorsitzende: „Es ist immer gut, unterschätzt zu werden." Dann machte er ein Zeichen mit den Augenbrauen und die gefährliche Tüpfelhyäne, Schmidt, las gehorsam, aber angriffsbereit, den ersten Tagesordnungspunkt vor.

Während der Sitzung fiel mir auf: Kein Witz, kein Spaß, keine entspannte Atmosphäre. Die Themen waren trocken besiedelt mit: Politik, Demokratie und Bildung. Bisher hatte ich mich nie mit diesen Problemen ausgiebig auseinandergesetzt oder weder großes Interesse dafür gezeigt. Aber ich tat es so, wie es alle taten: einige Wortfetzen und passende Zahlen zum Thema reichten; und da niemand lange zuhören und zuweilen selbst reden wollte, dachten sie, ich wäre bestens informiert.

Und ich war dankbar für diese Chance, denn meine Neugierde für die ganze Welt und neue Menschen war groß. Bei mir kam nichts ohne Interesse zustande. Für mich war die Frage federführend: Warum war dieses männliche Königs-Rudel so erfolgreich? Und was konnte ich von ihm lernen? Auf jeden Fall rudelte hier eine starke Rangordnung und Arbeitsteilung.

Mut zum Königs-Rudel

Es gehörte eine Menge Mut dazu, diese Position im Rudel angenommen zu haben. Aber es gehörte zu mir, immer zu sagen, das kann ich und das mache ich. In meiner frühesten Kindheit atmete ich die Luft Ostdeutschlands ein und wuchs in einer ruhigen Ausgelassenheit auf. Die zeitige Verantwortung für meinen Sohn, den ich früh bekam, formten meinen Charakter und ließen mich zu einer durchsetzungsfähigen und anpackenden Frau werden. Mir ist bis heute klar, erst mit der Verantwortung für meinen Sohn, wurde mir der richtige Wert des Lebens bewusst.

Und zum Glück stand das Geschäftsführende Vorstandsmitglied hinter mir. Er lernte mich in einer Podiumsdiskussion kennen. Ich organisierte und moderierte diese. Vor einem Monat war ich auf ihn zugekommen und hatte ihn um Unterstützung gebeten. Prof. Dr. Martin Krause, einer der bekanntesten Philosophen Deutschlands, sprach zum ersten Mal mit mir. Er schenkte mir ein vertrauensvolles Lächeln und sprach mich sofort mit meinem Vornamen an. Bot mir aber im Gegenzug auch das Du an, natürlich gedacht für die Nichtöffentlichkeit. Ich hatte ihn noch nie aus der Nähe gesehen. Es war so, als würde ich vor einem großen Philosophen-Star stehen. Lange hatte ich probiert, einen Termin bei ihm zu bekommen. Irgendwann funktionierte es dann.

Wie aus Bewunderung Liebe wurde

„Ich habe mir etwas für Ihre Veranstaltung überlegt. Einen bekannten Politiker und einen berühmten Theologen in das Podium einzuladen, wären interessant. Oder?" Ich nickte. Er war 60 Jahre alt, kannte alle und hatte sich im Laufe seines Lebens ein riesiges Netzwerk aufgebaut. Darüber war er eine ansehnliche Persönlichkeit. Sein Kopf groß und stark – wie der von Karl Marx. Intelligenz atmete aus majestätischen Bewegungen. Jede Pore war von Denkertum durchflutet. Sein Gang stattlich und selbstverliebt. Dazu kam, dass er, mit seiner 1.90 Größe und seinem gewellten dichten grauen Haar, so großartig wie ein älterer James Bond aussah.

„Ich überlege gerade, ob ich eine Beziehung mit dir aufbauen sollte. Ich fördere dich. Du bist intelligent, attraktiv, aber dir fehlt Persönlichkeit. Du und ich. Hast du Lust?" Seine Offenheit erschreckte mich. Was meinte er? Eine Liebesbeziehung? So etwas Unverschämtes war mir noch nie passiert; andererseits fand ich ihn extrem anziehend.

Ich stimmte weder zu noch ab. Diplomatie war jetzt angesagt. Außerdem lehnte ich schon früher Frauen ab, die sich aufgrund der Karriere mit verheirateten Männern einließen. Und dennoch: Ach, zwei Seelen wohnten auf einmal in meiner Brust. Die eine sagte, um Gottes Willen, bloß keine Liebe im Job. Die andere meinte, was für ein interessanter

129

Mann, und wie schön wäre es, sich wieder einmal zu verlieben, sich den Gefühlen einfach nur hinzugeben.

Hierbei die richtige Entscheidung, das oder das andere zu tun, viel mir unglaublich schwer. Immer wieder ertappte ich mich in einer aufgewühlten Gefühlskonfusion. Ein emotionaler Leidensdruck, der stärker und stärker wurde. Immer, wenn ich es schaffte, meine Gefühle zu unterdrücken, fühlte ich mich leblos wie ein Gegenstand. Mein Leben endete, als ich meine Gefühle unterdrückte; mein Leben begann, als ich meine Gefühle zuließ.

Warum war ich nicht in der Lage, rational zu entscheiden? Verrückterweise war ich damals nicht einmal empört, dass er mir fehlende Persönlichkeit bescheinigte.

Vor einiger Zeit hatte ich mich von meinem Mann getrennt und lebte mit meinem Sohn allein. Hinzukam, dass ich vor einem halben Jahr meine Stelle als erfolgreiche Geschäftsführerin eines Instituts gekündigt hatte und dann in eine neue Stadt gezogen war. Ich musste als alleinerziehende Mutter unseren Lebensunterhalt absichern. Die Absicherung von meinem geschiedenen Mann kam nicht infrage. Er zahlte als Selbstständiger einfach nicht. Also stimmte ich erst einmal weder zu, noch lehnte ich ab. Darüber hinaus gefiel er mir unglaublich.

Zweifel kamen und gingen. War es wirklich richtig, für einen Philosophen-Gott zu arbeiten und ihm auch noch Hoffnungen, auf eine Liebschaft mit mir zu machen? Nein, sagte ich mir immer wieder. Nein. Nein. Nein. Andererseits würde er mich in Welten führen, die ich ohne ihn niemals zu sehen bekäme. Darüber hatte ich mich in seinen Verstand verliebt. Welcher Mann hatte schon so einen Verstand? Stundenlang konnte ich seinen Erzählungen folgen. Der erste Mann, der mich niemals langweilte. Ich redete mir ein, dass er für die Podiumsdiskussion auch dringend nötig war.

Als er mich mit meiner Moderation hängen ließ
Die Podiumsdiskussion bereitete ich allerdings allein vor. Außerdem wollte ich nicht aufdringlich wirken und ihn ständig damit konfrontieren.

Krause war ein ausgezeichneter Rhetoriker. Er begrüßte die Gäste mit so einer überlegenen Selbstsicherheit, die schon fast arrogant wirkte. Das Publikum liebte ihn dennoch. Wenige konnten ihm intellektuell das Wasser reichen.

Als ich gemeinsam mit ihm das Podium betrat, wurden wir von ohrenbetäubendem Applaus begrüßt. Seine Gegenwart konnte wahre Begeisterungsstürme auslösen. Und ich war dabei. Wir nahmen auf dem Podium Platz.

Ich, die Moderatorin, wandte sich ihm kurz zu, um von ihm ein solidarisches Nicken zu erhalten. Distanziert wandte er sich jedoch ab und widmete sich gelangweilt seinem Publikum zu. Es dauerte einen Moment, bis ich begriff, dass ich das Ruder jetzt in die Hand nehmen und alleine moderieren musste. Von Anfang an, war das sein Plan gewesen. Ich sollte spüren, dass ich ihn brauchte und mich allein vor 200 Menschen im Saal beweisen.

Menschen? Auf einmal sah ich nur noch eine große Herde mit Schafen, Kühen und Pferden. Auf sein Zeichen hin, begann ich. Es schien mir, als würden alle, und besonders er, nur darauf warten, dass ich ins Stocken geriete. Gerade deshalb, weil ich es wusste, passierte es mir nicht. Diese Herde hatte ich im Griff. Nochmal gut gegangen. Aber, das hätte mir schon zu denken geben sollen. Ich war so blind.

Ungünstige familiäre Verhältnisse
Wir mussten zu einer Besprechung mit einem Stiftungsrat nach Berlin. Dort trat ich auf die mit Frühlingsluft gefüllte Restaurant-Terrasse im Berliner Borchardt. Die dunklen Anzüge, schnelle Bestellungen und viele auf dem Tisch liegende Handys waren eindeutige Anzeichen, dass die Mittagspausen der Banker und Geschäftsleute begonnen haben. „Ein Tisch für zwei!", sagte Krause bestimmt. Er bekam sofort den schönsten Tisch, den das Restaurant zu bieten hatte. Man kannte ihn.

Krause hatte sich für das Gespräch in der Stiftung zwei Tage Zeit genommen. Er betonte immer wieder, dass die Verhältnisse, denen ich entstammte, keineswegs günstig für eine Tätigkeit im Kreise betuchter und renommierter Herren waren. Auch, wenn er es immer wieder erwähnte, war dieses Runtergemache nur dummes Geschwätz für mich. Familiär wurde der Grundstein in mir gelegt, dass alle Menschen gleich seien. Früher war alles darauf angelegt, mich zu einer anpassungsfähigen Angestellten zu erziehen. Mit Krause glaubte ich die Möglichkeit zu haben, die vorgegebenen Bahnen zu verlassen.

Krause war von schwärmerischer und väterlicher Natur. Das fiel bei mir auf sehr fruchtbaren Boden. Zwischen uns entwickelte sich dann jedoch ein verbotenes Liebesverhältnis – aber auch eine berufliche Beziehung, die uns beide enorm für unsere gemeinsamen Projekte motivierte. Denn diese Emotionen setzten eine Menge Energie frei. In allen Projekten agierten wir – vor allem ich sehr erfolgreich.

Auch wenn es für mich manchmal mehr eine väterliche Liebesbeziehung war, war es auch eine freundschaftliche. In beglückter Hingabe folgte ich Krause in seine gesellschaftlichen Kreise und beruflichen Pläne. Währenddessen Krauses angetraute Frau diese Liebesbeziehung verfluchte.

Karriere im Königs-Rudel
Ich fand mich rasch in meiner neuen Tätigkeit zurecht und übernahm schon kurze Zeit später die gesamte Kommunikationsabteilung. Aufgrund meiner Erfolge wurde ich auch schon nach vier Monaten die Geschäftsführerin der Organisation. Krause schickte die bis dato Geschäftsführerin zurück nach Frankfurt. Diese hätte zwar das entsprechende Auftreten und Aussehen, aber ihr fehlte die notwendige Intelligenz, wie er meinte. Mir fiel erst später auf, wie abfällig er sich über sie äußerte. Aber äußerte er sich mir gegenüber nicht auch so? Ich hatte ihn auf einen Sockel gehoben und war klein neben ihm. Dieses Gefühl gab er mir bei jedem Treffen.

Dennoch: Mein Erfolg schmeckte gut und ging runter wie Öl. Hofiert von außen, genoss ich das Leben in der obersten Gesellschaft und in kaiserlichen Sälen. Alle wollten mich kennenlernen, schließlich war ich eine mögliche Brücke zu Macht und kostbaren Kontakten.

Wie die Tüpfelhyäne auf geistiges Aas lauert
Schmidt rief oft bei mir an. Manchmal täglich. Es kam mir vor, als würde er als Tüpfelhyäne auf geistiges Aas lauern. Wie diese Tüpfelhyäne besaß

er ein reichhaltiges Repertoire lautlicher Kommunikation. Der am häufigsten zu hörende Laut war ahhhh. Die Gespräche dauerten oft länger als eine Stunde. Ich war auf jeden seiner Anrufe vorbereitet, indem ich den gesamten Politik- und Wirtschaftsteil der großen Zeitungen vor mir liegen hatte und jedes wichtige Zitat der ranghohen Politiker durchs Telefon flöten konnte.

Schmidt war sich seiner Beute nicht sicher, wenn er versuchte, mich mit Fragen und Standpunkten zu durchleuchten. Ich verstand es aber ausgezeichnet, ihn interessiert zu unterhalten. Schließlich hatte ich Psychologie studiert. Ohne meine psychologischen Gesprächsstrategien wäre ich niemals mit ihm und im Königs-Rudel klargekommen. Zudem hatte ich ihn durchschaut.

Für mich war es ebenso ein geistiges Vergnügen, Schmidt die neuesten Texte zu zitieren – als würde ich sie auswendig können. Nach jedem Zitat, das ich „auswendig" zitierte, gab's ein ahhh und eine Denkpause auf der anderen Leitung. Denn schließlich wusste Schmidt nichts von der Masse der Zeitungen, die gut vorbereitet und entsprechend markiert vor mir lagen.

Währenddessen Schmidt mit meinen juristischen Mitarbeitern nicht länger als eine Minute sprach. Er grüßte niemals und legte auf, wenn ich nicht im Büro war, ohne eine Antwort von der jeweiligen Dame am Telefon zu erhalten oder sich zu verabschieden.

Meine Ideen wurden als seine verkauft oder wie meine Meinung zur Kündigung führte

Als Krause nach vier erfolgreichen Jahren in der Organisation ein neues Projekt vorstellte, bremste Werner Schach, das Stellvertretende Vorstandsmitglied, dieses Projekt mit gekonntem Spiel aus. Schach war für mich ein Fuchs, der mit Vorsicht zu genießen war. Schlau und hinterhältig. Ich ertappte ihn immer wieder dabei, wie er meine entwickelten Vorschläge und Meinungen auf einmal in der Sitzung für seine verkaufte. Aber – das war nun mal so, dafür war ich die Geschäftsführerin. Ich entwickelte gute Ideen, Zitate und Anregungen und das Rudel fraß diese sofort.

Für Schmidt war Schach nichts weiter als ein besserer Sekretär. Obwohl Schach ebenso wie alle anderen eine bedeutende Persönlichkeit in Deutschland war. Er hielt nicht viel von ihm und fauchend beschimpfte er ihn in jeder Sitzung. Darüber beleidigte er ihn vor allen Anwesenden. Schach reagierte immer nur keckernd und winselnd – und freute sich schon auf seine nächste nächtliche Jagd nach öffentlichen Auftritten. Dennoch bei einem Kampf gegen ein vorgeschlagenes Projekt lärmten sie zusammen und schnurrten wie beste Freunde.

Da ich Stellungnahme für Krause bekundete, weil auch ich an diesem Projekt beteiligt war, bekam ich schlussendlich meine Kündigung. Krause und ich hielten wie immer bis zum Schluss zusammen. Gemeinsam waren wir stark. Für ihn war das nichts Neues. Er kannte diese Kämpfe um die Macht; ich glaube, für ihn war das nur ein Spiel. Anschießend hat er mich auch bei der Suche eines neuen Jobs unterstützt. Und unterkriegen ließ er sich natürlich auch nicht. Das Projekt zog er durch, wenn dann eben mit anderen Leuten und in anderen Kreisen.

Die Zeit bis zur Beendigung jedoch war grauenvoll. Es wurde nichts ausgelassen, mir das Leben schwer zu machen und mir zu demonstrieren, dass ich da nicht mehr hingehörte.

Ich blieb noch einige Zeit mit Krause zusammen, der sich nie von seiner Frau getrennt hat. Durch meine eigene Entwicklung bekam ich jedoch einen gesunden Abstand zu ihm und fing an, ihn mit anderen Augen zu sehen. Die Verklärung verflog, der Sockel zerbrach und was ich sah, schreckte mich zusehend. So kam es dann auch zur Trennung.

„Nicht überall wo Wasser ist, sind Frösche,
aber wo man Frösche hört, ist Wasser".
Johann Wolfgang von Goethe

Satt vom schützenden System der Universität

Umso schlagkräftiger ich schoss, umso weniger wurden die Kämpfe

Von wem stammt eigentlich das simple Vorurteil, dass es blonde Dummchen gäbe, die sich nach oben geschlafen hätten? Und von wem stammt eigentlich die Behauptung, dass Frauen mit Kindern nicht berufstätig sein dürften? Oder sollten? Alles Mythen. Wer's glaubt, wird selig und befindet sich weit weg vom Schuss der Realität.

Tatsächlich wurde ich allerdings hinter vorgehaltener Hand von einem Bekannten gefragt, ob ich was mit dem Vorsitzenden des Beirates hätte, weil ich den Job als Geschäftsführerin bekommen hatte.

Ich bin zwar blond, aber weder dumm, noch habe ich mich nach oben geschlafen. Ich bin die Tochter einer selbstbewussten Mutter, die mit zwei Kindern, entgegen aller Behauptungen, einen großartigen beruflichen Weg gegangen ist. Sie hat uns nicht das Fräuleinwunder der Nachkriegszeit eingebläut, sondern ermutigt, unseren eigenen Weg zu gehen.

Zu Frauen in Führungspositionen gibt es eine Unzahl von Vorurteilen, die alle in unserem Unterbewusstsein verankert sind. Leider lassen sich nicht nur schwache Menschen von Vorurteilen leiten. Nicht umsonst meinte Voltaire, dass Vorurteile die Vernunft der Narren sind. Und Narren sind wir alle ein wenig. Als Psychologin kenne ich mich mit dem Feld der Vorurteile aus und bin auch selbst nicht gänzlich frei davon.

Es musste ein Sprung ins Wasser sein
Genährt, umsorgt mit Bildung und dem Wissen der betrieblichen Ab-

läufe sowie deren Vermittlung an Studierende, führte mich mein Weg von der beschützenden Alma Mater, als studierte Politikwissenschaftlerin, in die Praxis. Zuerst an die Universität, aber dann nach vielen Jahren wissenschaftlicher Arbeit war die Zeit reif für etwas Neues. Satt vom schützenden System der wenig wendigen Universitäten, bewarb ich mich eines Tages als Geschäftsführerin eines großen Vereines. Ich war eine absolute Quereinsteigerin.

Es musste ein Sprung ins kalte Wasser sein. Meine Sehnsucht nach Veränderung und das Gefühl, es solle auf keinen Fall so weitergehen, waren so stark, dass ich den Sprung ins kalte Wasser wagte, ohne lange darüber nachzudenken. Ich hatte keine Ahnung davon, wie alles gelingen sollte. Auf jeden Fall anders als bisher. Und mein mutiges Voranschreiten führte mich in das richtige Wasser. Ich ging auf die Suche, um meine beruflichen Träume zu erfüllen und um sie in überschaubare Kategorien aufzuteilen. Als Quereinsteigerin wechselte ich aus eines mir bekannten Feldes der Politikwissenschaften in ein neues Betätigungsfeld der Geschäftsführung.

Der Vereinsrat suchte einen Querdenker mit viel Energie und Geschick im Handling der selbstbewussten Vereinsmitglieder und traute mir die Aufgabe zu. Die erforderlichen Kenntnisse und Fertigkeiten konnte ich mir als Training on the Job erarbeiten; ich lernte schnell.

Bei der Bewerbung war ich 34 Jahre alt. Mutter zu werden, war für mich noch kein Thema. Meine Bereitschaft, hochmotiviert viel dazu zu lernen, zu agieren und unbekannte Horizonte zu entdecken, war groß. Ich wollte die Welt neu erkennen. Und sagte mir: „Du hast nichts zu verlieren. Bewirb dich! Mehr als ablehnen, können sie dich nicht". Ich hatte ein Jahr davor einen Beitrag gelesen, dass Frauen sich nicht bewerben, selbst wenn sie schon 90 Prozent der Anforderung für eine Stelle mitbringen. Männer hingegen hoben wohl schon bei 60 Prozent selbstbewusst die Hand.

Wie gelingt es mir, fachlich und mit meiner Persönlichkeit zu glänzen?
Trotz gutem innerem Zureden hatte ich Respekt vor diesem Vorstellungsgespräch. Was ziehe ich an? Welchen Eindruck sollte ich hinterlassen?

Wie gelingt es mir, sie zu überzeugen. Mir war klar, einfach war das nicht.

Mein Look sollte ebenso Karriere machen. Ich wählte meine Kleidung mit Bedacht und ging auf Nummer sicher: Ein klassisch-weibliches Kostüm im Büro-Style ist niemals verkehrt. Und die guten alten Nadelstreifen waren angesagt, wie nie. Vorher notierte ich alle meine Stärken, die ich für den neuen Job besonders relevant empfand. Ich dachte über erfolgreiche Geschichten nach, die ich an der Uni erlebt hatte. Diese sollten parat bereitliegen, um sie an entsprechender Stelle zu illustrieren. Und sie sollten im Gedächtnis derer, die sie hörten, haften bleiben. Auch musste ich mich mit überdurchschnittlichen Antworten auf Fragen und Gründen für die Eignung ausstatten.

Sigmund Freud, vom Putzen und die alte Villa

Um mich etwas zu beruhigen, putzte ich schnell noch die Autoscheiben, obwohl es nicht nötig gewesen wäre. Während ich putzte, musste ich an Sigmund Freuds Behauptung zum Thema Putzen denken. Von wegen, lieber Sigmund Freud, Frauen könnten von Natur aus besser putzen. Der Vater der Psychoanalyse schob diese Behauptung auf den anhaftenden Schmutz der Vagina zurück. Deshalb wischten, schrubbten und fegten Frauen Staub und bauten ordentliche Nester, um dieses tief sitzende Gefühl in ihrem Inneren immer wieder zu reinigen. Was wusste Freud schon von der Vagina, was hatte er damit nur angerichtet? Und welche komischen Vorurteile hatte er als großartiger Meinungsbildner über die Frauen in die Welt gesät? Freuds Gedanken waren manchmal schon etwas übertrieben.

Überpünktlich kam ich am Interviewort an. Der Verein residierte repräsentativ in einer Gründerzeitvilla. Vermutlich stand diese unter Denkmalschutz. Hohe alte Bäume gaben dem Gebäude einen zusätzlichen vornehmen Ausdruck.

Ich stieg aus und holte tief Luft. Ich fühlte mich gut hier. Begrüßt wurde ich von der Assistentin des Beirates. Sie holte mich ab und wir gingen über eine große braune Treppe in den Konferenzraum der zweiten Etage. Das Parkett glänzte und der hellbraune Konferenztisch passte sich dem Stil des Hauses ansprechend an. Man ließ mich einige Minuten warten.

Währenddessen schlich sich doch etwas Aufregung ein und ich atmete etwas schneller. Ruhig. Ruhig. Sagte ich mir in Gedanken. Ich bin ganz ruhig. Ich kann jederzeit wieder gehen, aber soweit sollte es nicht kommen.

Die Tür ging auf und hereintraten die Beiräte des alteingesessenen einflussreichen Vereins. Vier ältere Herren begrüßten mich distanziert per Handschlag.

Platziert in der Mitte saßen vor mir die Herren. Der Beiratsvorsitzende genau gegenüber von mir. Anfangs plauderten wir über den angenehmen Sitz des Verbandes. „Die Villa wurde 1903 gebaut und vor einigen Jahren von einem Parapsychologen schweren Herzens aus Altersgründen verkauft", erzählte Dr. Hartmut von Lingen, der den Vorsitz des Vorstandes innehatte. Typisch britisch trug er einen tadellos sitzenden Anzug. Alles sah nach „Old Boys Club" aus. Gediegen, elitär und selbstbewusst. Auch die anderen Herren schienen, das traditionelle Handwerkszeug eines Herrenmaßschneiders zu nutzen. Primäre Machtsymbole zeigten sich auch mit der Marke ihrer Armbanduhren. Erschienen sie anfangs skeptisch und distanziert – schienen sie doch später im Verlauf der weiteren Gesprächsszenen eindeutig wohlwollender und sympathischer.

Und ich war froh, mein Businesskostüm gewählt zu haben. Es gab mir Sicherheit. Mit gewählter Sprache berichtete ich über meine Zeit an der Universität und welche Funktionen ich dort ausfüllte.

Als ich nach der Familienrolle gefragt wurde

Abschließend bekam ich die Frage nach meiner Familienplanung gestellt. Darauf war ich nun wirklich nicht vorbereitet, an der Uni war das nie ein Thema. Die Familienplanung gehört eigentlich zu den Themen, die Arbeitnehmer und Bewerber ihrem Arbeitgeber gegenüber nicht offenlegen müssen. Ich antwortete nur kurz, dass derzeit meine Arbeit im Vordergrund stehen würde und ich mich noch nicht in der Rolle der Mutter sehe. Auch wenn mir diese Frage innerlich etwas aufstieß, so fühlte ich doch, dass die Herren mir wohl gesonnen waren. Ich überzeugte sie mit Intelligenz und Charme und prompt bekam ich nach einigen Tagen die Zusage, in wenigen Wochen als Geschäftsführerin zu starten. Unglaublich!

Als ich begann

Die drei Frauen meines kleinen Teams, das ich führen sollte, waren kaum jünger als ich. Da war Katja, eine Frau um die dreißig Jahre, offenes freundliches Gesicht mit Lachfältchen und schulterlangem, dunkelblondem Haar. Sandra, ebenso in dem Alter, sehr schlank und extrem redselig und Milijana. Mit ihr verstand ich mich auf Anhieb sehr gut. Eine kräftige große Frau mit einem frischen Gesichtsausdruck, schwarzen Augen und mit dicken dunklen Haaren, die sie täglich zu einem Pferdeschwanz bändigte.

In relativ kurzer Zeit war es meine erste Aufgabe, ein großes Projekt auf die Beine zu stellen. Dazu musste ich mich in meinem neuen Team als Führungskraft und Mensch beweisen. Das war keine leichte Aufgabe, denn mein Vorgänger, war nicht besonders beliebt. Es herrschte anfangs keine gute Stimmung im Team und ich versuchte, die Motivation der drei jungen Frauen mit viel Einfühlungsvermögen zu schüren. Dabei interessierte mich besonders, mit wem ich zusammenarbeitete und wer menschlich hinter äußeren Fassaden steckte. Zunächst holte ich Informationen über das Führungsverhalten meines Vorgängers ein.

Die Konferenz, mein erstes Projekt

Das Projekt, an dem wir gemeinsam arbeiteten, war eine viertägige Konferenz mit vielen Seminaren, Workshops, Podiumsdiskussionen und Abendveranstaltungen für ca. 400 Gäste. Das Finanzierungskonzept, das wir erarbeitet hatten, war realistisch. Der Verein hatte die Chance damit ,ein Aushängeschild mit Strahlkraft zu bekommen. Es gab viel zu tun. Redner mussten organisiert werden und die zahlreichen Mitglieder sollten rechtzeitig eingeladen werden. Alles musste bis ins Detail durchstrukturiert werden. Ich legte Wert darauf, dass jede Mitarbeiterin des Teams ihre eigenen Aufgaben innerhalb des Projektes hatte.

Es gab viel zu tun. Als dann noch eine weitere neue Mitarbeiterin ins Team kam, waren wir in der Konstellation perfekt. Es entwickelte sich eine tolle Zusammenarbeit. Letztlich war die Konferenz ein großer Erfolg. Und alles lief reibungslos, sodass selbst die kritischen Stimmen im Verband anschließend von mir überzeugt waren. Ein tolles Gefühl von Stolz, Freude aber auch Genugtuung.

Als ich den Mann fürs Leben fand und schwanger wurde
Aber dann, eines Tages, schien ich doch den Mann fürs Leben gefunden zu haben und ich wurde schneller schwanger als gedacht. Nach einer nicht einfachen Geburt brachte ich am 2. November eine Tochter zur Welt. Und wuchs langsam in die Mutterrolle hinein.

Dennoch fehlte mir während des Mutterschutzes meine Arbeit. Ich stieg nur fünf Monate danach, als Teilzeit in die Geschäftsführung wieder ein. Anfangs reagierte der Beirat relativ zögerlich darauf, ob ich meine Arbeit mit 20 Stunden in der Woche schaffen würde. Und ob überhaupt eine Geschäftsführung mit 20 Stunden geführt werden kann.

Ich war der vollen Überzeugung, wenn das Team mitzieht, dann kann es gut gehen. Und es ging gut. Und das war wohl eine meiner schönsten Erfahrungen in meinem beruflichen Leben. Dieses Team hatte sich gefunden und unterstützte mich ohne WENN und ABER. Mit tiefer Loyalität und Respekt sowie mit einer ordentlichen Prise Humor, schien alles möglich zu sein. Aus meinen 20 Wochenstunden wurden zugegebenermaßen aber oft fast 30.

Teamabende mit lehrreichem Charakter
Als Standardelement entwickelte ich einen Teamabend vor den großen Veranstaltungen, sodass alle positiv im Vorfeld gestimmt waren. Die Groß-Veranstaltungen dauerten oft fünf Tage. Hinter den Kulissen waren wir oft völlig erledigt. Wir schliefen dann insgesamt nur fünf Stunden. Ein enormes Pensum leisteten wir hier. Die Veranstaltungsformate fanden ohne Budget statt, also nur auf Vereinskosten, und mussten sich selbst tragen. Aber diese Wochen waren trotz ihrer Anstrengung immer wieder sehr lehrreich. Mein Mann und meine Mutter hatten mich in diesen heißen Phasen der Arbeitsbelastung immer toll unterstützt, sonst wären die Veranstaltungen nicht gegangen. Gut, dass es nur zwei davon pro Jahr gab.

Der falsche Redner – Eine peinliche Geschichte
Wir arbeiteten mit vielen Erfolgsmomenten, das beflügelt und schweißt ein Team zusammen. Aber es gab natürlich auch Misserfolge: Besonders

erwähnenswert ist dabei eine Geschichte, die mir damals sehr peinlich war. Ich hatte einen Redner eingeladen, als Gastreferenten. Dreimal briefte ich ihn und dachte, es würde alles gut gehen. Was passierte? Dieser Herr hielt vor allen 400 Teilnehmern einen miserablen Vortrag. Die Rede war so peinlich, dass die Gäste aufstanden und gingen. Ich saß festgezurrt auf meinem Stuhl in der ersten Reihe und schämte mich in Grund und Boden. Die fassungslosen Blicke konnte ich nicht ignorieren. Oh Gott, war ich naiv. Anschließend hörte ich, dass dieser Herr sich noch nie hatte briefen lassen. Er redete das, was ihm gerade in den Sinn kam und meinte, er würde eine freie Rede halten.

Als Organisatorin fiel die schlechte Rede auf mich zurück und es gab sehr viel Kritik. Im Regen zu stehen, ist kein Vergnügen und diese Panne ging mir noch eine ganze Weile nach.

Mein Fazit? Ich habe danach alle Redner vorab erst einmal persönlich gehört und Referenzen eingeholt. Man lernt nie aus.

Geschäftsführerin als Mutter? Das geht.

Entgegen dem deutschen konservativen Familienmodell zeigte mir mein Arbeitsmodell, dass es eindeutig funktioniert, auch als Mutter innerhalb der Geschäftsführung tätig zu sein – und das noch in Teilzeit.

Was ich nicht erwartet hatte, sind die vielen negativen Kommentare, die ich mir immer noch gelegentlich anhören muss. Mein Umfeld hat mich eher entmutigt diesen Weg zu gehen, mit Ausnahme meiner Mutter. Traurig ist für mich vor allem, dass gerade von Frauen die meiste Kritik kam.

Vertrauen ist wie ein Kartenhaus: Man benötigt viel Zeit und Geduld,
um es aufzubauen,
eine winzige Erschütterung jedoch genügt,
um alles wieder zu zerstören.

Florian Bauer

Wenn Frauen manchmal zu schnell ja sagen

Wie ich eine Frau kündigte und blind vertraute

„Okay, ich habe zu schnell ja gesagt." Ich starrte Frank, den Gründer des Unternehmens, sprachlos an. „Warum hast du mir nicht gesagt, dass Frau Anderson die Freundin meines Vorgängers war?"

Kurz vorher besuchte mich mein Vorgänger Mathias Klum im Büro. völliger Entrüstung fuhr er mich an, wie ich nur Frau Anderson, die seit sechs Jahren erfolgreich hier tätig war, kündigen konnte. Und außerdem wäre ich erst neu hier und würde Frau Anderson doch gar nicht kennen. Wie konnte ich mir nach einem Tag im Büro erlauben, bereits eine Mitarbeiterin zu kündigen?

Stimmt genau. Das war mein erster Tag in diesem renommierten Internetunternehmen, in dem ich unbedingt arbeiten wollte. Frank, der die Firma vor einigen Jahren gründete, suchte damals händeringend einen neuen Geschäftsführer oder Geschäftsführerin (lach) und ich bewarb mich für die Stelle. Da ich ausreichende Expertise mitbrachte, war es für mich nicht schwer, diesen Job zu bekommen. Ich hatte mir mittlerweile so viel Akzeptanz und Wertschätzung in Bezug auf meine Leistungen erarbeitet, dass ich mir die Jobs aussuchen konnte, mir aber auch die entsprechenden lukrativen Angebote gemacht wurden. Im Netzwerk der Start-up Szene gut verdrahtet, kannte man mich.

Mein neues Unternehmen war ein solides und nicht mehr ganz junges Start-up mit ein paar hundert Mitarbeitern.

Wie konnte ich ohne nachzufragen vertrauen?

Ich suchte das Büro von Frank auf, der jetzt nachdenklich vor mir stand. „Naja, ich dachte, dass bedarf keiner Erklärung, ich hatte dir nur gesagt, du solltest der Kollegin kündigen. Außerdem hattest du auch nicht nachgefragt." Ja, stimmt, so war es. Wie konnte ich auch nur blindlings und zu schnell handeln?

Ich ärgerte mich über mich selbst, dass ich mich hatte benutzen lassen. Besser wäre es gewesen, wenn er sie gekündigt hätte. Und irgendwie fühlte ich mich miserabel. Wertheimer hatte recht, wenn er philosophierte: „Blindes Vertrauen schenkt man nur noch sorgfältig getroffenen Vorsichtsmaßregeln."

Die Freundin des Chefs und ihre Sonderrechte

Frank erzählte mir dann einiges mehr: Frau Anderson arbeitete im Salesteam. Mit 15 weiteren Mitarbeiterinnen hatte sie ihren Schreibtisch in einem Großraumbüro. Es gab allerdings immer wieder Unstimmigkeiten, weil Frau Anderson sich bestimmte Sonderrechte als Freundin des Chefs herausnahm. Es gab viele genervte Blicke, wenn sie zu zeitig ging oder zu spät kam. Im Gegenzug redeten die Kollegen nur noch das Nötigste mit ihr. Die Wochen vergingen und Frau Anderson nahm sich immer mehr Rechte heraus. Hinzu kam, dass sie ständig auf Dienstreisen mit meinem Vorgänger war. Die Kollegen duldeten das natürlich nicht und machten ihr vorsichtig ohne Worte bewusst, dass sie nicht mehr willkommen wäre. Auch würde sie ihre Arbeit vernachlässigen und niemand könne noch konstruktiv mit ihr zusammenarbeiten. Mit Frau Anderson wurde kaum noch geredet – alle waren äußerst vorsichtig im Umgang mit ihr, schließlich besaß sie als Freundin des Chefs eine bestimmte Macht.

Oh Gott, was für eine Geschichte. Das Team ist also etwas durcheinander und muss vermutlich wieder in eine Linie gelangen.

„Warum hast du nichts dagegen unternommen", sagte ich. „Habe ich ja, denn als ich merkte, dass die beiden immer teure Hotels buchten und die Kosten das Budget zum Platzen brachten, habe ich ja auch gehandelt und ihn zur Rede gestellt. Er ärgerte sich maßlos darüber und wollte sich auch nicht einschränken lassen – bis er mir dann die Kündigung einreichte. Und dass das jetzt mit Frau Anderson nicht mehr so weiter im Team gehen konnte, kannst du doch jetzt verstehen", erklärte er.

Klar verstand ich ihn. Dennoch ärgerte ich mich noch eine Weile über mich selbst, weil ich ihm einfach blind vertraute und unreflektiert brillieren wollte, wie eine Streberin! Das passierte mir nicht noch einmal.

Aber ich hatte daraus sehr viel gelernt, was ich später in meinen Führungspositionen immer wieder mit einbringen konnte. Über schwere Entscheidungen schlafe ich eine Nacht und bin seither nicht mehr als Fleißbiene reingefallen.

Wie ich zum Schießhündchen wurde

Oder in jedem Ende liegt ein Anfang

Es gibt Situationen im Leben, da sollte man verstehen, dass jedes traurige Erlebnis auch ein glückliches Erlebnis sein kann.

Ich befand mich auf dem Tiefpunkt meiner Karriere. Schockiert, weil ich meine Kündigung erhalten hatte. Frustriert, weil ich versagt hatte. Betrübt, weil ich Machtstrukturen nicht durchschaut hatte.

Mein Entsetzen über meine Kündigung spiegelte sich in mir immer noch wider. Ich hatte den Kampf verloren. Frustriert und eigentlich ohne große Motivation landete ich als Freelancerin in einem Start Up-Unternehmen in Berlin. Von der Geschäftsführerin zur Freelancerin. Ging es bergab? Und war das das Ende meiner Karriere?

Dann diese ungewohnten Büros. Sie befanden sich in einer alten Bankfiliale. Das bunte Großraumbüro störte mich anfangs sehr. Hier saßen einfach zu viele Mitarbeiter. Und jetzt auch noch ich. Hinzu kam der Straßenlärm, der mich ziemlich nervte. Eigentlich hatte ich überhaupt keine Lust hier einzusteigen und mir war schleierhaft, wie man bei diesem Krach arbeiten konnte. Aber mir blieb keine Wahl. Besser machen, als gar nichts machen. Und Umzug und Tapetenwechsel taten mir gut.

Lass dir bloß nichts anmerken. Am ersten Tag bevor ich im neuen Unternehmen ankam, sagte ich mir immer wieder, lass dir bloß nichts anmerken, dir geht's gut, du bist gut drauf.

„Haben Sie Bürorituale?", wurde ich freundlich von Katja gefragt, eine neue Kollegin, die mir alles zeigen sollte. „Rituale im Büro? – Nee – Außer, dass ich mir jeden Morgen eine Kanne Tee koche, den ich dann über den Tag verteilt trinke", sagte ich. Wir lachten. „Das machen hier viele im Büro", fügte Katja hinzu.

Blick zurück

Ich musste an die Zeit im Konzern denken. Damals hatte ich mich so sehr gefreut, als ich die Zusage von einem Mediengiganten erhielt, in einem digitalen Tochterunternehmen in der Funktion einer Geschäftsführerrolle zu beginnen. Das machte mir so leicht keiner nach. Ich war mächtig stolz auf mich. Und ich war ja auch noch so jung. Gerade erst einmal 29 Jahre. Aber ich hatte den Spartenleiter überzeugt. Im Übrigen waren hier alle ziemlich jung und hip.

Meine Aufgabe war es, eine Strategie für das Internetgeschäft zu entwickeln. Der Konzern kaufte damals ein ganz junges Start Up-Unternehmen dazu. Ein Fehler war sicher bereits bei den Kaufverhandlungen, den Gründern zu versprechen, dass sie auch weiterhin unter dem Dach des Konzerns autonom arbeiten dürften. Das war nicht mehr haltbar, als die Geschäftsentwicklung nicht voranging, wie geplant.

Die Gründer waren etwas nerdige junge Männer um die Mitte Dreißig, die mehr in ihrem Leben erreichen wollten. Sie hatten schon während des Studiums ihre Geschäftsidee entwickelt. Ihre Idole aus dem Silicon Valley vor Augen, gründeten sie ihr Unternehmen. Sie arbeiteten mindestens 14 Stunden am Tag und an den Wochenenden auch noch. Nach der Maxime: ausprobieren, Resümee ziehen und dann optimieren.

Zu diesen beiden Gründern wurde ich vom Konzern als dritte Geschäftsführerin bestellt und ins Team gesetzt. Ich war so stolz, diesen Job bekommen zu haben. Zu Beginn dachte ich, die erste Geschäftsführerrolle im Management wäre eine tolle Position. Dass das keine positive – sondern eher eine schlechte Position war, sollte ich später feststellen. Denn die zwei Gründer betrachteten mich als Schießhündchen des Konzerns, das entsprechend aufpassen musste, wie ein Schießhündchen. Das war mir nicht bewusst. Erst später.

Meine erste miserable Lage entstand, als eine Mitarbeiterin ging

Kaum drei Wochen im Job, kündigte eine meiner Mitarbeiterinnen, da sie ein Angebot von einem Konkurrenzunternehmen angenommen hatte. Ausgerechnet unsere Topsales-Frau mit den Kontakten zu den wichtigsten BtoB (Business to Business) Kunden. Ohne darüber nachzudenken, übernahm ich ihren E-Mail-Account, um bei den Kunden nichts anbrennen zu lassen. Damals war ich einfach noch zu jung und unerfahren und hatte keine Ahnung von Datenschutz. Aber das wurde mir schließlich zum Verhängnis. Denn dieses Verhalten wurde in der Personalabteilung so richtig hochgekocht. Als ich mitbekam, was ich für einen gravierenden – sogar arbeitsrechtlichen – Fehler gemacht hatte, versuchte ich anfangs, diesen Fehler zu vertuschen. Aber ich fühlte mich nicht wohl dabei und hatte jede Minute Angst, es würde rauskommen. Also blieb mir irgendwann nur eins übrig, nämlich, mich bei meinem Team zu entschuldigen.

Vielleicht habe ich noch einen Fehler gemacht, indem ich mich damals entschuldigte und dem Thema erst so richtig Raum gab?

Hätte, hätte, hätte ... Natürlich hätte ich mich vorab informieren müssen, aber ich war noch so grün hinter den Ohren und voller Euphorie. Im Start-up war jede Fragestellung täglich und stündlich neu und wir versuchten bestmöglich damit umzugehen. Rechtlich spielt das jedoch keine Rolle. Ein Zugang ist nur dann möglich, wenn dies die Rechtsgrundlage erlaubt. Nahezu in jedem Fall muss der Mitarbeiter über den Zugriff informiert werden. Im Nachhinein habe ich mich schlau gemacht und wusste dann, dass der Zugriff im Rahmen der Erforderlichkeit bleiben muss. Es muss einen Grund geben, wenn der Arbeitgeber auf das E-Mail-Postfach des Mitarbeiters zugreift. Der Zugriff auf das E-Mail-Postfach muss nach dem Vier-Augen-Prinzip erfolgen, am besten im Beisein des Datenschutzbeauftragten. Über das Verfahren ist ein Protokoll anzufertigen, aus dem sich ergeben muss, zu welchem Zweck, in welchem Umfang auf das Postfach zugegriffen wurde. Mir wurde angst und bange, als ich das alles im Internet las. Was habe ich da nur getan? Wie konnte ich nur solch einen Fehler begehen?

Auch hätte ich das Verhalten der Gründer nicht unterschätzen dürfen. Sie sahen mich nicht gern, da ich ja vom Konzern eingesetzt wurde. Hier hätte ich anders mit den Herren umgehen müssen. Ich dachte, wenn ich mich auf meinen Aufgabenbereich konzentriere und dabei Erfolge generiere, dass dann das Eis schmelzen würde. So war es aber leider nicht. Das Eis blieb kalt und fest, gefrorenes Wasser.

Die ganze Zeit spürte ich passive, verdeckte Widerstände, die sich nicht greifen ließen, sondern wie unsichtbare Türen vor mir standen und sich nicht öffnen ließen.

Von Anfang an galt ich als Fremde, die der Konzern aufgezwungen hatte. Auch wurde ich von den Gründern ständig vor den anderen bloßgestellt. In Meetings schwitzte ich oft. Einige Mitarbeiter kamen einfach nicht. Und Ruhe in Sitzungen zu bringen, viel mir schwer. Alle redeten oft durcheinander. Einmal gipfelte es darin, dass einer der Gründer vor allen zu mir sagte: „Was tun Sie überhaupt hier?" Wenn ein Meeting zu Ende war, machte ich drei Kreuze.

Dabei wollte ich mich nur auf meine Arbeit konzentrieren. Warum erkannte das niemand? Es gab Tage, da saß ich 12 Stunden im Büro und dachte, ich müsse alles sachlich und rational erledigen. Weder um die Strategien der Gründer kümmerte ich mich – noch um die Interessen im Team. Deshalb schaffte ich es auch nicht, eine Lobby für mich im Team aufzubauen. Mein Fanclub war also nicht besonders groß. Und eines weiß ich heute, mit Sachlichkeit und mit der Konzentration auf Arbeitsprozesse holt man sich keine Verbündeten. Auch war es nicht opportun, bis zum Anschlag zu arbeiten.

Es kam, wie es kommen musste. Die Gründer nutzten mein datentechnisches Fehlverhalten natürlich sofort aus, um sich bei der Personalabteilung und dem Topmanagement bis hoch zum Vorstand über meine Inkompetenz zu beschweren.

Nicht ohne Grund wurde mir das schließlich zum Verhängnis. Innerhalb kürzester Zeit bekam ich einen Auflösungsvertrag hingelegt mit der Bemerkung, ich hätte Glück, dass es keine Kündigung sei. Sie schmissen mich raus, weil ich einen Fehler in Sachen Datenschutz gemacht hatte. Ich versuchte etwas zu sagen, aber mein Mund zitterte dabei so sehr, dass ich lieber schwieg, Haltung behielt und ging.

Ich wurde ausgegrenzt und fühlte mich abgelehnt. Mich wollte niemand mehr haben. War ich jetzt eine Loserin? Niemandem konnte ich jetzt noch erzählen, dass ich eine tolle Position bei einem Mediengiganten hätte.

Ach egal, es kommt nicht darauf an, für welche Marke ich arbeite, sondern es kommt darauf an, was ich wie tat.

Als Freelancerin in Berlin

Gemäß dem Motto: Wenn dir das Leben eine Zitrone gibt, frag nach Salz und Tequila, ging ich nach Berlin und erlebte den Beginn eines komplett neuen Arbeitens – aber auch Lebens.

Ich wurde eine Freelancerin in einem Start up-Unternehmen. Das bedeutete, keinen sicheren Arbeitsplatz zu haben und der ständigen Konkurrenz anderer Freelancer ausgesetzt zu sein. Das hieß, ich stand unter ständigem Druck und musste mich, um Höchstleistungen zu bieten, besonders bemühen, um immer wieder gebucht zu werden. Darüber hinaus wurde ich nur noch ausschließlich für meine produktiven Stunden bezahlt. Ebenso musste ich mich um meine Sozialversicherung selbst kümmern. Kündigungsschutz hatte ich auch nicht. Ich musste flexibel, belastbarer und motivierter sein. Zugleich musste ich lernen, unternehmerischer zu denken. Und natürlich bot ich somit auch einen betriebswirtschaftlichen Zusatznutzen für das Unternehmen.

Alles war unsicher und ich befand mich im Land des ständigen Risikos. Mit drei Koffern und meinem Mac zog ich ins Hostel nach Berlin. Insgesamt lebte ich dort 5 Jahre. Zwei Jahre lang hatte ich mit Housesitting gelebt. Das bedeutete, ich betreute das Hab und Gut von Hausbewohnern, die sich länger im Urlaub oder im Ausland befanden. Ich passte auf das gesamte Anwesen, inklusive Pflanzen, Tiere, Garten, Pool etc. auf und besaß keine eigene Wohnung mehr. Eine spannende Erfahrung.

Es ging mir so gut damit, nicht den Kriterien einer steilen Karriere ohne Knick zu entsprechen

Und auch ein tolles, freies Gefühl für mich, nicht viel zu haben. Ich fühlte mich so leicht, war so flexibel. Es ging mir so gut damit, nämlich nicht den Kriterien einer sogenannten steilen Karriere ohne Knick zu entsprechen. Mir war es überhaupt nicht mehr wichtig, für große Namen zu arbeiten. Sollten das doch die anderen tun. Derartiger Status ist sowieso verpönt.

Noch heute finde ich es unangenehm, viel zu besitzen. Und ich agiere viel entspannter und flexibler, weil ich weiß, dass ich selbstständig immer wieder meinen Weg gehen kann. Ich denke einfach auch nicht mehr ans Stolpern. Ich weiß, es gibt keine Sicherheit, nur verschiedene Grade der Unsicherheit. Und wenn du nur ans Stolpern denkst, dann wirst du garantiert fallen. Die Sicherheit zu haben, dass ich mich ständig verändern kann, hält mich verdammt jung und gibt mir die Kraft immer wieder Neues zu erschaffen.

Meine Aufgabe war es, innerhalb meiner neuen Tätigkeit ein E-Commerce-Konzept auf die Beine zu stellen. Es gelang mir ziemlich schnell, innerhalb von fünf Tagen präsentierte ich mein fertiges Konzept. Und direkt nach zwei Tagen trudelte das erste Angebot ein. Ich war stolz. Mit den Erfolgen übernahm ich immer mehr Aufgaben im Unternehmen, wurde nach 16 Monaten fest eingestellt, führte Teams und hatte eine steile Lernkurve.

Ich erkannte, wo viel Licht ist, ist auch viel Schatten. Heute bin ich dankbar für den Schatten, denn ohne ihn hätte ich das Licht nicht fühlen können.

Heute bin ich Geschäftsführerin dieses florierenden Unternehmens, habe ein paar graue Haare und sehr viel mehr Erfahrung als vorher. Ich bin angekommen.

Alles, was den einen Menschen interessiert,
wird auch in dem andern einen Anklang finden.
Johann Wolfgang von Goethe

Wie sich mein Technikdefizit in Seifenblasen auflöste

Und wie ich mit meinem technischen Know-how punktete

Ich habe mich mal – und das mit 36 Jahren – an die Recherche von technischen Details gemacht. Freilich intensiv, denn die Leidenschaft für technische Produkte sollte mein Türöffner bei der Belegschaft werden. Ich wusste, dass vor mir gerade erst zwei Personalleiter, die von außen kamen, gescheitert sind und wieder gehen mussten. Mir sollte das nicht passieren.

Meine neue Funktion in einem international anerkannten Autokonzern war natürlich nicht geprägt von technischen Aufgaben. Schließlich hatte ich klassische BWL studiert und war im Personalbereich zuständig für die kaufmännische Leitung. Hinzu kam, dass ich natürlich wusste, dass der Konzern 90 Prozent Männer beschäftigte und ich in Bezug auf meine Vergangenheit nicht gerade sagen könnte, dass ich mich besonders stark für technische Details von Autos interessierte. Ja, ich fahre natürlich gerne bequeme, schicke Autos. Aber das Innenleben oder die Entstehung dessen, interessierte mich bis dato überhaupt nicht.

Wie seine Leidenschaft sich auf mich übertrug
Während meiner Einarbeitungszeit hatte ich die Gelegenheit, mehrere Produktionsstandorte zu besuchen. Voller Neugierde fuhr ich ins größte Werk, fast eine eigene Stadt in seinen Ausmaßen.

Während ich darüber nachdachte, ob man irgendwann gar nicht mehr lenken müsse, holten mich Andreas Schache, der Produktionsleiter, und Mario Wolter, ein Entwickler, am Empfang ab und wir begannen nach einem Kaffee in der Kantine mit der Führung durch das Werk.

„Ich sage es zwar nicht ungern, aber es wundert mich nicht im Geringsten, wenn Sie kein Interesse an dem technischen Innenleben eines Autos haben", sagte der Produktionsleiter zu mir, als er mir den Standort begann zu zeigen. „Oh, da täuschen Sie sich, ich bin gerade dabei meine Liebe zu den technischen Details eines Autos in Erscheinung bringen zu lassen", entgegnete ich anknüpfend, auch wenn er eigentlich recht hatte – aber das jetzt zuzugeben, kam für mich nicht in Frage. Er lachte temperamentvoll und entgegnete: „Naja, es heißt ja in der Regel, Frauen – vor allem aus dem Personalbereich – hätten keine Ahnung von der Technik und dementsprechend mangelndes Interesse dafür." Wir liefen durch das Werk und sahen uns einige Einzelteile des Innenlebens eines Vans an.

Vor einem viereckigen Metallding blieben wir dann erst einmal stehen. „Was ist das?", fragte ich. Schmunzelnd antwortete er: „Eine Brennstoffzelle. Sie ist eines der wichtigsten Bestandteile des Autos. Sie erzeugt Strom aus Wasser- und Sauerstoff. Damit ausreichend Leistung entsteht, müssen viele hauchdünne Brennstoffzellen in einem Stapel zusammengefügt werden." Interessiert fragte ich weiter: „Wie entsteht denn letztlich das gesamte Design eines Autos bzw. das Innenleben eines VW?"

„Das muss Ihnen Wolter erklären, er entwickelt schließlich Autos", so Schache. Wolter schien sich zu freuen, endlich zum Zuge zu kommen. „Das ist eine lange – aber faszinierende Geschichte", erklärte er mir mit großer Begeisterung und erzählte weiter, „Für die Entstehung eines neuen Modells benötigen wir ungefähr 1.300 Tage, 1.010 Skizzen, 5.030 kg Ton und 1.020 Liter Lack. Ein Prozess, der ungefähr vier Jahre dauert. Auch viel Kunst steckt dahinter, weil das Modell erst einmal mit dem Bleistift gezeichnet wird. Dann werden 1:1 Tonmodelle hergestellt. Anschließend geht es dann um die Innenausstattung; und schließlich wird das entsprechende Anforderungsprofil entwickelt, als Richtschnur für den nachfolgenden Prozess. Natürlich wird alles auch noch mal digital umgesetzt. Und hier geht es dann auch um weitere technische Fragen." Während er mir alles erklärte, glänzten seine Augen. Ich spürte und fühlte regelrecht die Leidenschaft, die für die Sache in ihm steckte und die sich mehr und mehr auf mich übertrug.

An diesem Tag wurden mir viele Modelle und faszinierend schön aussehende Motoren und andere auserlesene Einzelteile gezeigt. Ich konnte nicht genug Wissen davon mitnehmen. Technik atmen, fühlen, darin ertrinken. Ganz nah. Nah am Band und nah bei den Menschen.

Erstaunt über mich selbst, war ich begeistert von diesem Tag, von der Entwicklung der Farben, vom Sammeln von Ideen für neue Trends in Sachen Architektur und Produktdesign.

Schlichtweg betörend waren die technischen Fortschritte bei der Automatisierung des Fahrens. Mit neuer Nähe zur Technik brodelte ein neues Interesse in mir auf, das sich mehr und mehr steigerte.

Meine Begeisterung für Technik

Ebenso beeindruckten mich die Arbeiter im Werk. Ich spürte eine angenehme Atmosphäre. Sie liebten ihre Arbeit und ich begann, meine Wertschätzung für den Stolz unserer Mitarbeiter auf die Produkte zu entwickeln.

Wieder zu Hause angelangt, suchte ich mir den nächsten Produktionsstandort aus, den ich demnächst besuchen wollte. Und was tat ich noch? Ich las seitdem sämtliche Auto-Zeitschriften von Auto Bild bis Auto Classic – zu Auto Test und ein paar Fachzeitungen. Sämtliche technische Details verschlang ich innerhalb kürzester Zeit und wollte tiefer und tiefer in diese Themen eindringen.

Schließlich suchte ich nach Gleichgesinnten im Freundeskreis und in der Familie, mit denen ich mich darüber austauschen konnte. Da ich drei Brüder hatte, war das nicht schwer, auch wenn sie mich anfänglich sehr irritiert diesbezüglich wahrnahmen.

Ich wunderte mich über mich selbst: Wie kam es, dass ich mich auf einmal so sehr für Technik interessierte? Musste ich 36 Jahre alt werden, um festzustellen, wie sehr mich dieses Thema begeisterte? Jetzt ärgerte es mich, warum ich eigentlich nicht Ingenieurin geworden bin. Wie langweilig erschien mir auf einmal mein BWL-Studium. Aber ich mochte meinen Job als Personalleiterin schon auch sehr.

Ich begann meine Gespräche mit Führungskräften und Mitarbeitern immer über die technischen Details eines Autos anzufangen und erst danach zum Personalthema zu kommen – und eine Brücke zu schlagen. Manchmal wurde ich irritiert aber begeistert angesehen, wenn ich bereits über neueste Entwicklungen genau Bescheid wusste. Selbst über kleinste technische Details konnte ich in ausführlicher Form berichten.

Komplimente über so viel technisches Verständnis gingen bei mir natürlich runter wie Öl. Alle waren erstaunt, eine Personalerin, die auf Augenhöhe über das Produkt, die Autos, sprechen konnte und die die Begeisterung und Leidenschaft teilte. Ich bin mir ganz sicher, dass das einer meiner großen Hebel war, schnell in der neuen Firma Fuß zu fassen und akzeptiert zu werden.

Dieses Erfolgsrezept habe ich auf meinem Karriereweg noch zweimal angewendet, in ganz unterschiedlichen Branchen. Zutiefst überzeugt bin ich heute davon, dass man als Personal-, Finanzexperte oder sonstige Zentralfunktion nur dann gut in seinem Beruf ist, wenn man ganz nah am Geschäft ist und es genauso gut versteht, wie die Linienmanager. Ich habe begriffen, dass ich besser arbeite, wenn ich mich für das Produkt begeistern kann. Nach dieser Devise habe ich Jobangebote abgeklopft.

Eine Frau im Aufsichtsrat reduziert den Status des Vorsitzenden

Frauen im Aufsichtsrat erwünscht?

Aufgrund meiner beruflichen Tätigkeit habe ich Zugang und ständigen Kontakt mit vielen Aufsichtsratsmitgliedern und den Aufsichtsratsvorsitzenden großer Konzerne. Viele schätze ich außerordentlich, mit einigen pflege ich einen sehr offenen Austausch.

Vor einiger Zeit befand ich mich wieder einmal in einem Vier-Augen-Gespräch mit einem Aufsichtsratsvorsitzenden. Unter anderem kam die Rede auf die Frauen-Quote und die Verpflichtung von Aufsichtsräten, Frauen in den Aufsichtsrat zu berufen. Wir sprachen darüber, dass der durchschnittliche Anteil von Frauen im Aufsichtsrat bei knapp 10 Prozent läge und dass viele Unternehmen daran arbeiten würden, diesbezüglich einen Kulturwandel zu vollziehen. Abschließend sagte er knapp und trocken, ohne eine Regung in seinem Gesicht, er und einige seiner Kollegen hätten wenig Interesse an Frauen in ihrem Gremium, da dies den Status des Aufsichtsratsvorsitzenden reduziere.

Zusammenkommen ist ein Beginn,
zusammenbleiben ist ein Fortschritt,
zusammenarbeiten ist ein Erfolg.
Henry Ford

Über Marie, die goldene Eier legen konnte

Wie Machtkämpfe die Leistung und den Spaß töteten

Es war einmal ein ganz junges Unternehmen, das sich eine schöne fleißige
Marie einstellte. Äußerlich wirkte Marie ganz normal. Aber innerlich war
Marie etwas Besonderes. Sie hatte die Fähigkeit, goldene Eier zu legen.
Fleißig arbeitete sie im Unternehmen mit und jeden Abend legte sie, weil
sie besonders glücklich war, ein goldenes Ei. Mit diesen Eiern konnte das
Unternehmen aufgebaut werden. Der Gründer war sehr klug. Er wusste
genau, dass er Marie fördern musste. Und wenn er einmal besonders
vertrauensvoll, ethisch verantwortungsbewusst oder sehr gerecht han-
delte, war Marie so glücklich, dass sie morgens und abends ein golde-
nes Ei legte. Marie fühlte sich sehr wohl und bereits nach kurzer Zeit,
wurde sie die Geschäftsführerin des Unternehmens. Voller Freude über
diese Verantwortung legte sie manchmal auch zusätzlich mittags ein Ei.
Selbst als Marie Mutter wurde, war sie so motiviert, dass sie nur we-
nige Tage nach der Geburt weiterarbeitete. Das Glück über ihre Kinder
und langjährige Erfahrung gaben ihr so viel Kraft, dass sie weiterhin so
effektiv wie vorher arbeitete. Sie legte sogar noch ein Ei mehr. Und ihre
Kinder liebten ihre glückliche Mama umso mehr.

Da das Unternehmen immer erfolgreicher wurde, kamen viele Kauf-
leute und wollten es erwerben. Ein Kaufmann bot so viel Geld, dass der
Gründer nicht nein sagen konnte und das Unternehmen samt Belegschaft
verkaufte. Der Kaufmann hielt nicht viel von Frauen. „Frauen gehören an
den Herd und führen können sie schon gar nicht", so seine Devise.

Es dauerte nicht lange, so ließ er im ganzen Land kundtun, dass er einen neuen Geschäftsführer suche. Marie dürfe sich natürlich auch bewerben. Sollte sie diese Stelle nicht erhalten, könnte sie im Unternehmen als Assistentin des Geschäftsführers tätig sein.

Von da an legte Marie keine goldenen Eier mehr, weil sie sich ungerecht behandelt fühlte, jede Nacht weinte und so traurig war. Das Unternehmen jedoch verarmte nach und nach, weil Marie keine goldenen Eier für das Unternehmen mehr legen konnte. Es starb nach einigen Jahren einen insolventen einsamen Tod.

Marie dagegen hatte so viel gelernt, dass sie in der Lage war, ihr eigenes Unternehmen zu gründen. Und dort legt sie jeden Tag wieder zwei oder manchmal drei goldene Eier.

Ich kam als Kind liebevoller und fürsorglicher Eltern in einem Land und einer Zeit zur Welt, das mir alle Möglichkeiten bot, für das Leben, das ich bis jetzt führen durfte.

Als ich als junge Auszubildende beschloss, meine Ausbildung nicht länger zu verfolgen, sondern stattdessen nach Berlin zu ziehen, um in einem kleinen Unternehmen zu beginnen, fragten mich meine Freundinnen: „Bist du nicht mehr ganz bei Trost?" Ähnliche Fragen bekam ich auch von meinen Eltern zu hören, als ich beschloss, einen Monat nach der Geburt meines Kindes wieder arbeiten zu gehen, als ich beschloss, alles in Berlin aufzugeben oder als ich beschloss, meinen Job, der mich zehn Jahre lang so glücklich gemacht hatte, zu kündigen, um selbst eine GmbH zu gründen.

Bei Entscheidungen höre ich allerdings zuerst auf mein Herz und anschließend auf meinen Verstand. Demnach folgte ich meinem Herzen zuerst ins Unternehmen, dann raus aus dem Unternehmen und in den Aufbau meines eigenen Unternehmens. Immer mit im Paket Oskar Wilde's Zitat: „Es kommt für jeden, der Augenblick der Wahl und der Entscheidung: Ob er sein eigenes Leben führen will, ein höchst persönliches Leben in tiefster Fülle, oder ob er sich zu jenem falschen, seichten, erniedrigenden Dasein entschließen soll, das die Heuchelei der Welt von ihm begehrt?"

Meine erste Erfolgsgeschichte – Wie der Chef mich förderte

Alles begann mit einer Erfolgsgeschichte, die zehn Jahre andauern sollte.

Ich absolvierte eine klassische Ausbildung im KFZ-Bereich. Da ich schnell merkte, dass ich nicht für die Technik gemacht war, brach ich diese ab und begann, innerhalb einer neuen Ausbildung als Bürokauffrau, in einem Unternehmen in Berlin, weit weg von meinem Zuhause.

Der Inhaber und Geschäftsführer dieses Unternehmens, Markus Moser, förderte mich von Anfang an. In viele Entscheidungen wurde ich mit einbezogen. Er fragte mich oft, wie ich bei diesen oder jenen Vertragsabschlüssen handeln würde. Ich erwiderte immer wieder, er müsse sich einen Moment Zeit nehmen und noch einmal über alles nachdenken, um keine vorschnellen Handlungen zu tätigen. Am Ende setzten wir uns zusammen und sprachen alle Für und Wider gemeinsam durch. Moser und ich erarbeiteten eine Prioritätsreihenfolge, um anschließend nach bestimmten Beurteilungskriterien, die entsprechende Entscheidung zu treffen.

Meine eigenen Projekte definierte ich immer in Meilensteine. Ein Meilenstein war dann erreicht, wenn meine bis dato Ergebnisse in perfekter Qualität vorlagen.

Da ich Fehler machen durfte, machte ich umso weniger

Auch wenn ich mal Fehler machte, war das nie ein Dilemma. Im Gegenteil, denn er verkaufte mir den Fehler als absoluten Gewinn für dieses Unternehmen. Wenn ich hinfiel, wurde mir sofort ermöglicht wieder aufzustehen. Und da ich Fehler machen durfte, machte ich umso weniger. Moser setzte sich mit mir zusammen, um mit mir verschiedene Lösungszyklen zu besprechen. Wir analysierten mögliche Symptome sowie Ursachen und welche alternativen Lösungen in Frage kämen, um aber auch Fehler in Zukunft zu vermeiden. Mein Chef regte mich immer selbst zum Nachdenken an und gab mir von Anfang an einen Vertrauensvorschuss. Auch ausprobieren durfte ich vieles und auch einmal Risiken eingehen. Oft waren diese Risiken Gold wert und rentierten sich für das Unternehmen.

167

Wie mich Vertrauen motivierte

Als ich damals anfing, arbeiteten 10 Mitarbeiter in Festanstellung; nach zehn Jahren waren es ungefähr 160 festangestellte Mitarbeiter. Nach und nach wuchs ich mit meinen Aufgaben. Egal, was ich tun musste, ich tat alles. Und traute mir alles zu. Und, was ich nicht konnte, brachte ich mir selbst bei. Mein Chef hatte Vertrauen in meine Arbeit und dieses Vertrauen, als Mutter meiner Motivation und Energie, versuchte ich nicht zu zerstören. Ich bewunderte Moser. Seine handlungsorientierte Arbeitsweise war geprägt durch Kürze, Vielfalt, Fragmentierung und Diskontinuität. Denn ein Unternehmen aufzubauen, kann manchmal auch eine reinste Strapaze sein.

Auch die Quantität meiner zu erledigenden Arbeit war beträchtlich. Selbst in meiner freien Zeit zerbrach ich mir den Kopf über offene Fragen. Was mich nicht störte, denn ich wollte für den Erfolg meiner Projekte verantwortlich sein. Moser sagte immer wieder zu mir, ich wäre die klassische Managerin, die unentwegt beschäftigt ist. So war es auch. Ich konnte meine Arbeit niemals auf sich beruhen lassen. Mich für einen Augenblick zurückzulehnen, war immer schwierig.

Ein großer Vorteil, in einem kleinen Unternehmen seine Karriere zu beginnen, ist, dass man sich mit wichtigen federführenden Tätigkeiten auseinandersetzen kann. Ich agierte im Vertrieb, Marketing und im Personalbereich. Nach und nach bekam ich immer mehr Führungsfunktionen. Das war eine große Chance für mich. Alles war „Learning by doing". Das, was ich lernen musste, lernte ich, indem ich es tat. Mit meiner direkten praktischen Erfahrung wurde ich richtig gut.

Wie ich zur Geschäftsführerin berufen und schwanger wurde

Eines Tages überflutete mich mein Stolz, als ich in die Geschäftsleitung berufen wurde. Geschafft aus eigener Kraft. Wie Moser gab auch ich meinen Mitarbeitern einen großen Vertrauensvorschuss.

24 Monate nach meiner Berufung durchdrang mich, während einer Sitzung am frühen Morgen, ein Übelkeitsgefühl. Ich legte nicht viel Wert darauf, da es ja wieder verging. Am anderen Tag ging es mir jedoch wieder so. Eine Magenverstimmung? Oder war ich schwanger? Das passte

mir jetzt überhaupt nicht. Ich habe Verantwortung. Ich muss führen. Ich gehöre zur Geschäftsleitung. Und ich bin erfüllt mit meinen Aufgaben, die ich hier Tag für Tag zu bewerkstelligen habe. Bloß nicht damit beschäftigen! Oh Gott! Diese und andere Gedanken schossen mir fortlaufend in Zeiten der Unsicherheit durch den Kopf.

Als dann noch meine Tage ausblieben, die Übelkeit nicht verschwand, ging ich zum Gynäkologen, der mir glasklar ins Gesicht sagte: „Sie sind schwanger".

Geschockt verließ ich die Praxis. Grübelnd. Unsicher. Ich wollte noch keine Kinder. Ich hatte mich doch erst vor zehn Jahren auf den Arbeitsmarkt begeben. Ich wollte Karriere machen und das Familienleben erst einmal an den Haken hängen. Ich wollte meinen Wert weiterhin auf dem Arbeitsmarkt unter Beweis stellen. Ich brauchte kein Baby, um glücklich zu sein.

Außerdem lebte ich in einer 600 Kilometer entfernten Beziehung. Mein Mann war fest an München gebunden und lebte in einem eigenen Haus, das er auf keinen Fall verlassen wollte. Ein Umzug wäre undenkbar für ihn. Auch würde er seinen Job, sowie ich meinen, niemals aufgeben.

Als ich ihm erzählte, dass ich schwanger sei, schlug er vor, dass er zuhause bleiben würde und ich sollte weiterarbeiten. Diese Lösung war göttlich und befreite mich von meinen Ängsten. Klar wollte er, dass ich zu ihm nach München ziehe.

Schwanger und dann hochschwanger ging ich mit meinem dicken Bauch weiterhin voller Einsatzbereitschaft ins Büro. Manchmal störte mich mein schwangerer Bauch schon sehr. Alle sahen sichtbar, was sich in meinem Privatleben abspielte.

Ich bekam ein zuckersüßes Mädchen mit langen Wimpern. Meine Freude war groß. Dennoch, nach dem Mutterschutz und einmonatiger Elternzeit kehrte ich in mein Unternehmen zurück, organisierte und jonglierte, um alles unter einen Hut zu bringen. Und die Zeit mit meiner Tochter genoss ich und verbrachte diese extrem intensiv.

Meinem Mann bin ich unglaublich dankbar. Er stand immer hinter mir und unterstützte mich in allen Dingen, die ich tätigte.

Als der Wind sich drehte

Gedanken über meine Selbständigkeit hatte ich schon einige Male. Diese verfolgte ich jedoch nicht weiter, da ich so glücklich und zufrieden in meinem beruflichen Umfeld war. Nachdem das Unternehmen von einem Konzern aufgekauft wurde, veränderte sich vieles. Auch die Geschäftsführung, die meinen Bereich betraf. Bisher gab es immer eine Doppelspitze, die sich zusammensetzte aus mir und dem Gründer, Moser. Als er jedoch das Unternehmen verkaufte, ging auch er aus dem Unternehmen. Es machte mich sehr traurig und meine Dankbarkeit für unsere Zusammenarbeit hätte nicht größer sein können. Mosers Position wurde von einem externen männlichen Bewerber besetzt. Erschwerend kam hinzu, dass ich ausgerechnet in dieser Zeit erfuhr, ein zweites Mal schwanger zu sein und meinen Sohn zehn Monate später erwarten würde.

Die Zusammenarbeit mit dem neuen Geschäftsführer war nicht einfach. Obwohl ich das Unternehmen mit aufgebaut hatte, obwohl ich zehn Jahre Erfahrung in der Branche hatte, obwohl ich immer für dieses Unternehmen da gewesen bin, war nun alles anders. Täglich musste ich meine Energie mit zusätzlichen Machtkämpfen vergeuden. Etwas, was mir neu war. Zu intrigieren hatte mir Moser nicht beigebracht. Es gehörte nicht zu meinen Eigenschaften. Ich sehnte mich nach den letzten harmonischen Jahren zurück. Die Kultur des gesamten Teams und aller Mitarbeiter veränderte sich dabei enorm. Denn er achtete sehr darauf, diese Machtkämpfe offen vor jedermann auszutragen. Er spielte mit allen Mitteln: Gezielte Verleumdungen, Provokationen oder demütigender Kritik.

Jeden Abend besprach ich mit meinem Mann die neuen Verhaltensstrategien. Ziemlich oft weinte ich in mein Kopfkissen hinein. Was war da passiert? Warum musste ich diese Machtspiele durchleben? Was wollte er sich selbst beweisen? Wie lange hielt ich das alles noch aus?

Wie ich für das gleiche Gehalt kämpfte

Eines Tages erfuhr ich dann auch noch durch einen Zufall, dass der neue Geschäftsführer das doppelte verdiente als ich selbst. Das ließ ich mir nicht bieten! Völlig geschockt kontaktierte ich die Konzernführung. Wie konnte so etwas Ungerechtes möglich sein? Ich hatte viel mehr Erfah-

rung als er und war doch viel länger dabei. Wie konnte die Konzernführung derartige ungerechte Entscheidungen treffen? Mit Ausflüchten
wie „Kommen Sie mal auf den Boden, nehmen Sie es nicht persönlich,
usw.", versuchten sie mich zu beruhigen. Was sie aber nicht schafften.
Ich war zutiefst enttäuscht. Denn er war sein Geld noch lange nicht
wert. Wer in ein neues Unternehmen kommt und Zeit für Machtspielchen hat, kann nicht kompetent sein. Und schon lange hatte er nicht
das doppelte Gehalt verdient.

Bereits nach einer Woche erhielt ich jedoch ein neues Angebot, welches allerdings immer noch nicht dem entsprach, was ich wollte: das
gleiche Gehalt. Erst nach mehreren Kämpfen und Schleifen hatte ich
mein Ziel endlich erreicht. Das brachte mir jedoch in der Konzernzentrale
den Ruf einer schwierigen Mitarbeiterin ein. Eigentlich konnte ich stolz
auf mich sein. Ich war es aber nicht. Die Enttäuschung war groß und der
Kampf hatte sehr viel Energie gekostet. Ich fühlte mich ausgebrannt. Alles
stürzte zur gleichen Zeit auf mich ein: die Schwangerschaft, die Machtkämpfe, die Gehaltskämpfe und meine Familie.

Das Verhältnis zwischen mir und dem Neuen war und blieb angespannt. Gerne kritisierte er mich vor meinen Kollegen oder er enthielt
mir wichtige Informationen. Da wir ein Vier-Augen-Unterschriftssystem
eingeführt hatten, durfte ich keine alleinigen Entscheidungen mehr treffen. Meine Entscheidungen unterstütze er natürlich nicht im geringsten
Maße. Vieles wurde von ihm blockiert.

Als sich die Geburt meines zweiten Kindes ankündigte, nahm ich eine
längere Auszeit. Ich hatte keine Kraft mehr und wollte mich von dem
Stress mit ihm erholen.

Ich wurde ausgesperrt
Einige Monate später kam ich wieder zurück und erfuhr die Nachricht,
dass es demnächst keine Doppelspitze mehr geben sollte. Die Stelle
sollte neu besetzt werden und ich sollte die Möglichkeit haben, unter
dieser neuen Spitze zu arbeiten. Das tat weh. Sehr weh. Das konnte nicht
sein. Ich hatte doch alles mit überdurchschnittlicher Leistung aufgebaut.
Ohne mich wäre das Unternehmen niemals so erfolgreich gewesen, wie

es heute ist. Und jetzt sollte ich zur Abteilungsleiterin degradiert werden? „Ohne mich", dachte ich, „Das könnt ihr alleine tun. So, und nun habt ihr es geschafft und ich bin endlich draußen, und gehe von selbst".

Ja, so wird man unliebsame Mitarbeiter, die fürs doppelte Gehalt gekämpft und gesiegt haben, los. Später erfuhr ich, dass das doppelte Gehalt nicht mehr gezahlt werden konnte, denn als ich in meiner Elternzeit war, ging der Umsatz deutlich zurück.

Spätestens jetzt, nach Übernahme und Stellenwegrationalisierung, kapierte ich, dass ich in dieser Firma keinen Platz mehr hatte.

Ich beschloss, zu kündigen und mein eigenes Unternehmen aufzubauen.

Ein neuer Anfang – Wie ich mein eigenes Unternehmen gründete

Die Erinnerungen an die vergangenen zehn Jahre und die Erwartungen an mein zukünftiges Tun und Handeln, bildeten mein Jetzt. Meine positiven Erwartungen bestimmten, woran ich mich positiv erinnerte, und meine Vergangenheit prägte meine Motivation an die kommenden Tätigkeiten.

Bereits einen Monat nach meiner Kündigung meldete ich meine neue und erste GmbH an. Ich wusste, ich sollte mein Ding machen. Der Businessplan verlangte allerdings noch einen sechsstelligen Geldbetrag, den ich leider nicht zur Verfügung hatte. Ich benötigte für die Gründung mindestens 80.000 Euro. Vielen Banken legte ich den Businessplan mit dem Finanzierungskonzept vor. Viele Banken sagten ab. Bis sich nach einigen Wochen doch noch eine Bank bereit erklärte, mir einen Kredit zu geben.

Auch wenn ich verdrängt wurde, hatte ich nie an mir gezweifelt. Ich wusste ja bereits, wie ein Unternehmen aufgebaut wurde. Ich hatte mir ein großes Netzwerk erschaffen. Glücklicherweise konnte ich meine Software aus dem alten Büro – das Herzstück – ebenfalls verwenden. Innerhalb von zwei Wochen stand das Template der neuen Homepage.

Zügig und engagiert, wie eh und je, baute ich mein eigenes Unternehmen auf. Der Kontakt zu den Menschen und zu meinem kleinen Team stand hierbei ganz oben. Hormongesteuerte Machtspielchen waren verboten. Und ich wusste, mein Erfolgsgeheimnis war das faire Miteinander.

Natürlich muss ich mich immer wieder überwinden, Akquise zu betreiben. Aber auch hier entwickelte ich meine Maxime: Mehr als nein sagen, können die Leute auch nicht.

Meine Firma besteht jetzt seit einem Jahr. Es läuft super an – aber noch bleibt finanziell nichts hängen und ich muss immer noch nachfinanzieren. Aber nächstes Jahr werden wir garantiert das erste Plus in den Zahlen vermerken können.

Mein Ziel ist und war es, schon immer etwas zu bewegen und daran habe ich bis heute keine Zweifel. Positives Denken und Offenheit meiner Zielgruppe gegenüber sind dabei meine ständigen Begleiter. Aber ohne meinen Mann und meinen ehemaligen Chef wäre ich heute nicht da, wo ich bin. Ich bin unendlich dankbar dafür und gespannt auf das, was kommt.

Die Leiterin, die anfangs unterschätzt wurde

Durch die Arbeit mit Ihnen, hat sich mein Denken verändert

Wütend fuhr ich mit dem Fahrrad durch den Wald, um in mein gelieb-
tes Fitness First zu gelangen. Es regnete und völlig verschlammt kam ich
im Studio an. Die Geräte waren jetzt genau das richtige. Alle Muskeln
wollte ich so stark wie möglich in Schwung bringen. Abreagieren wollte
ich mich. Abreagieren bis zum Muskelversagen.

Zusätzlich wollte ich über meine derzeitige Schlaflektüre nachdenken.
Zwei Büchlein: „Wut tut gut" und „Was deine Wut dir sagen will". Beide
versprechen praktische Tipps, wie wir mit Wut umgehen sollten. So etwas Ratgebermäßiges brauche ich manchmal, um nicht aggressiv zu werden. Über Auslöser von Wut steht hier allerdings wenig. Nur, dass Wut
etwas Natürliches und Wichtiges sei. Empfohlen wird der konstruktive
Umgang mit der Wut. Ebenso wurde Sport zum Abreagieren empfohlen.
Was ich demgemäß auch tat.

Gestern rief mich unser oberster Chef, Klaus Ball, in sein Büro. Es
schien mir, als würde er zusammenzucken, als ich die Tür mit Elan und
Frohsinn öffnete. Strahlend stand ich in seinem großen Büro, gespannt,
was er wollte.

Er war ein eher wortkarger, grimmiger Typ. „Setzen Sie sich", sagte Ball
und zeigte mit seiner Hand auf den riesigen Besprechungstisch.

Er ließ mich etwas warten und beantwortete noch einige E-Mails.
Nach einigen Minuten setzte er sich dann auf den Stuhl gegenüber von
mir. „Sie haben in den letzten Jahren das Unternehmen immer gut bera-

175

ten. Sie gehören zu den Mitarbeitern, die Leistung erbringen und nicht nur darüber reden. Ich möchte, dass Sie die Beschaffungsstrategie des Unternehmens neu überarbeiten. Wären Sie damit einverstanden?" Ich lehnte mich für einen Augenblick entspannt zurück und betrachtete kurz das übergroße Bild auf der weißen Wand gegenüber. Warum durfte ausgerechnet ich die Verantwortung für die neue Beschaffungsstrategie bekommen? Warum nahm er Klaus Reuter nicht dafür? Ich freute mich und sah mit klaren ernsthaften Augen in die Mitte seines Gesichtes. „Danke für das Vertrauen, dass Sie in mich setzen. Ich freue mich über diese Aufgabe. Sehr. Sie wissen, dass ich darüber erfreut bin." Er meinte noch, ich könne mich mit diesem Projekt verwirklichen, dennoch würde es nicht einfach sein, aber Kurt Reuter, der zuständige Bereichsleiter, würde an meiner Seite stehen. Und da ich als kluge Analytikerin im Unternehmen galt, wäre die Aufgabe keine Schwierigkeit für mich.

Ich setzte mich in den Sattel

Mit großer Begeisterung und Motivation für die neue Aufgabe verließ ich sein Büro. Ich setzte mich in den Sattel und war so gut drauf, dass der Tag schneller zu Ende ging, als sonst. Nachdenklich saß ich gegen Abend in meinem Büro und betrachtete die Figuren auf meinem Bücherregal, die sich mit ersten Ideen über die neue Beschaffungsstrategie in der Mitte verdichteten. Ebenso dachte ich über die Frage nach, ob das neue Projekt eine große Herausforderung für mich sei und ob es mit vielen Wiederständen behaftet sein würde.

Die Procurementstrategie als Teil der Materialwirtschaft eines Unternehmens legt mittelfristig die Verteilung der Beschaffung von Gütern und Dienstleistungen auf einzelne Lieferanten fest. Ich sollte mich um die Strategie der Verteilung der Beschaffung unserer Produkte kümmern. Das zentrale Ziel war hierbei die Sicherstellung der Versorgung des Unternehmens mit allen nötigen Mitteln, und da wir Komponenten weiterverbauten, war der Einkauf einer der größten Kostenblöcke; also Kosten und Qualität analysieren und Verbesserungspotential aufzeigen. Es ging um mehrstellige Millionenbeträge und um die Qualität unseres Endproduktes.

Ball hatte Vertrauen zu mir, denn schließlich war ich seit zehn Jahren erfolgreich im Unternehmen beschäftigt.

Bevor ich an diesem Abend das Büro verließ, stellte ich noch schnell eine Terminanfrage an Reuter. Mit ihm musste ich so schnell wie möglich zuerst sprechen. Wie er reagieren würde?

Sie wollen mir etwas über Beschaffung erzählen?

Reuter ließ mich einige Tage mit der Terminbestätigung warten. Das ärgerte mich, denn ich wollte loslegen. Dennoch, ich musste ihn ins Boot holen. Schließlich war er der zuständige Bereichsleiter. Endlich fanden wir einen Termin und trafen uns zum ersten Meeting. Um 10 Uhr waren wir an diesem Tag verabredet. Motiviert öffnete ich pünktlich den gebuchten Besprechungsraum. Er ließ mich allerdings warten. Zehn nach zehn rief er an und sagte, ohne einige Worte der Entschuldigung zu formulieren, dass er sich um weitere zehn Minuten verspäten würde. Was sollte denn das? Erst lässt er mich mit der Terminbestätigung warten und jetzt wieder. Irgendwie wurde ich immer unruhiger.

10.30 Uhr kam er dann endlich. Er schien ziemlich schlecht drauf zu sein und entschuldigte sich für sein Zuspätkommen, kurz und formlos. Unruhig stammelte ich „Kein Problem, ich habe die Zeit so lange anderweitig genutzt, schließlich können wir ja heutzutage überall digital tätig sein". Mürrisch sah er mich an. „Sie wollen mir etwas über Beschaffung erzählen?", kam wie aus der Pistole geschossen, in einem Ton, bei dem ich ihm an die Gurgel hätte springen können.

Ich spürte, wie mein Blutdruck stieg. Bloß nicht rot anlaufen, dachte ich. Gefühlsmäßig reagieren kannst du später. Jetzt war meine Reaktion auf der Sachebene gefragt. Lass dich bloß nicht auf die Gefühls- oder Beziehungsebene drängen, sagte ich mir im Stillen. Es schien ihm vermutlich überhaupt nicht zu passen, dass ausgerechnet ich es war, die die Verantwortung für die neue Strategie erhalten hatte. Dennoch, die Qualität unserer Beziehung spielte für den Erfolg des Projektes eine enorme Rolle. Es war für ihn ja auch nicht einfach, dass ich nun mitredete.

Um ihn ins Boot zu holen, musste ich herausfinden, welche Erwartungen und Bedürfnisse er hatte. Zwischen uns bestand ein Spannungsverhältnis. Ich durfte es weder ignorieren, noch verdrängen. Ihn ins Ganze zu integrieren, musste meine Aufgabe sein.

Mein Deal

Also zeigte ich nur ein zaghaftes Kopfschütteln. Zaghaft, aber bestimmt. Mit einer Handbewegung schob ich das vor mir stehende Glas beiseite und tat so, als ob ich mir noch etwas Wichtiges zu notieren hätte. Ich überlegte, holte tief Luft und schlug ihm einen Deal vor. „Lassen Sie mich doch erst einmal beginnen, die neue Strategie zu entwickeln. Und wenn sie nicht zufrieden sind, können Sie immer noch einen anderen Berater oder Mitarbeiter beauftragen. Was meinen Sie? Wir arbeiten eng zusammen, Sie gestalten alles mit!" Mit gute Miene zum bösen Spiel hatte ich mich im Griff und versuchte, meine Gefühle mit dieser Frage im Zaum zu halten.

Reuter war ein knöcherner Typ. Er wirkte sehr konservativ, ich schätzte ihn auf Ende 50. Dass er eitel war, sah man an seinem gepflegten Äußeren. Dass er auf Statussymbole großen Wert legte, an seinen Markenanzügen. Auf jeden Fall wirkte er auf mich aggressiv und ein wenig arrogant. Mit betonter Selbstbewusstheit, wertete er mich und meine Fähigkeit erst einmal ab. Mit seiner Überheblichkeit wollte er wohl Distanz schaffen, um sich zu schützen. Ich habe vor allem bei unsicheren Kollegen schon ähnliches Verhalten beobachten können und hoffte, dass auch bei Reuter das Visier fallen würde.

Sportlich, analytisch und beherrscht

Dennoch – trotz aller Überlegungen: Ich war zwar wütend, aber einschüchtern konnte mich niemand so leicht. Auf jeden Fall ruhte er – trotz seines Alters – nicht in sich. Denn wer wirklich in sich ruht, der muss andere nicht abwerten und sich als Besserwisser hervortun.

Meine Antwort schien ihn jedoch zu beruhigen und er ging auf den Deal ein.

Als ich eine Woche später mein erstes Teammeeting einberief, regnete es. Der Himmel war mit Wolken verdunkelt. Verdunkelt verlief mein Meeting allerdings nicht. Wir trafen uns in der 10. Etage des Innovationscenters des Unternehmens, das nur wenige betreten dürfen. Das Center zielt darauf ab, die besten Möglichkeiten für die Erarbeitung neuer Strategien zu erschaffen. Dort gibt es die Produkte der Konkurrenz und die Produkte des Unternehmens. Ein riesiger Bildschirm ermöglichte uns, während unserer Arbeit auf sämtliche Unternehmensgeschichten, neue Technologien oder Marketingstrategien zuzugreifen. Ebenso standen große Daten maßgeschneiderter Analysen über jeden Kunden zur Verfügung. Darüber hinaus ermöglichte mir dieser gigantische Bildschirm, der gesamten Mannschaft zuerst meine Pläne für die neue Herangehensweise vorzustellen. Zwei Tage lang hatte ich mich auf dieses Meeting vorbereitet und ich wählte meine Worte mit Bedacht.

Ich sprach jeden Kollegen mit seinen Kompetenzen direkt an. Mir war klar, nur, wenn sich alle Mitglieder in meinem Team akzeptiert fühlen, sind sie bereit, sich gemeinsam mit mir auf die Erarbeitung einer neuen Beschaffungsstrategie zu konzentrieren. Auch wollte ich von Anfang an ein Wir-Gefühl prägen; ebenso wollte ich gemeinsame Lösungen finden.

Ich wusste: Teamarbeit war das A und O. Solange sich meine Teammitglieder nicht angenommen fühlen, verwenden sie ihre Energie in erster Linie darauf, sich einen entsprechenden Platz zu erobern. Dann geht die Profilierung los. Das zeigt sich, indem sie sich besonders klug oder toll darstellen. Damit provozieren sie jedoch wiederum die anderen Mitarbeiter im Team, da sie ihren eigenen Platz bedroht sehen. So eine Situation wollte ich auf keinen Fall. Entsprechend sah ich eine meiner Aufgaben darin, derartige Unstimmigkeiten von Anfang an zu vermeiden.

Die Analyse vom Wettbewerbsumfeld war relativ einfach, weil sich die Kollegen sehr gut auskannten und wir im „Herzstück"-Center alle notwendigen Daten zur Verfügung hatten.

Hingegen war die Formulierung des Ziels deutlich schwieriger. Bis wir uns einigen konnten, musste ich die Ziele immer wieder hinterfragen, denn unscharf formulierte Ziele sind eine fortlaufende Quelle für Frustrationen. Ich musste den Status quo challengen, ohne jemandem auf den Schlips zu treten.

Fragen über Fragen

Also hinterfragte ich immer wieder: Was genau soll erreicht werden? Was wollen wir anstreben? Wo soll das Ziel erreicht werden? Wer ist beteiligt? Woran können die Ergebnisse gemessen werden? Werden die Ziele von den Beteiligten akzeptiert? Ist alles erreichbar? Wie viel genau? Wann weiß ich, dass ich das Ziel erreicht habe? Ist das gewünschte Ziel im Rahmen des Projektes erreichbar? Ist es machbar? Welchen Zeitrahmen haben wir zur Verfügung? Ist das Ziel innerhalb der Projektlaufzeit erreichbar? Fragen über Fragen, die jedoch für den Erfolg der Strategie bedeutend waren. Wir arbeiteten auch an ganz weit gedachten Szenarien, erlaubten uns frei zu denken. Vor allem das freie Denken fiel den Teilnehmern schwer, da immer die bekannten Businesszwänge und Rahmenbedingungen im Kopf sind. Der Versuch war aber wichtig und brachte den einen oder anderen Lacher mit sich, was die Stimmung immens auflockerte.

Anschließend erarbeitete ich mit den Kollegen die Szenarien aus, aus denen dann die entsprechenden Handlungsoptionen abgeleitet wurden. Erst zu diesem Zeitpunkt schaltete sich Reuter ein, um sich dann rege an der Diskussion zu beteiligen. Das war ein schwieriger Prozess. Am Ende stand die Strategie und alle wunderten sich, dass man diese offensichtliche Strategie nicht von Anfang an hatte sehen können.

Als wir die neue Strategie präsentierten

Das Schicksal können wir nicht bestimmen, wohl aber den richtigen Zeitpunkt für unsere Präsentation, der nicht mehr lange auf sich warten ließ. Mit Reuter zusammen, präsentierten wir dann nach sechs Monaten die Ergebnisse. An diesem Tag waren wir alle aufgeregt. Wie vor einer Prüfung. Um 10 Uhr sollte es losgehen. Was würden die fünf Vorstandsmitglieder und die Bereichsvorstände zu unserer neuen Strategie sagen? Bis ins Detail hatten wir die Präsentation geplant und jeden einzelnen Part mehrmals durchgespielt. Eigentlich konnte nichts schiefgehen. Alle Teilnehmer hatten wir genau studiert und wussten, wer mit seinen jeweiligen Eigenarten und Erwartungen vor uns saß. Alle mussten wir intellektuell – und vor allem, entsprechend ihrer unterschiedlichen

Interessen – mit der Strategie bedienen. Schlussendlich waren wir auf alles vorbereitet.

Joseph Mennemann spielte als Vorstand des größten Businessbereiches EMEA seit Jahren eine wichtige Rolle im Unternehmen. Er war stolz auf seine finnischen Wurzeln und hatte sich als gerissener, offenherziger und schillernder Macher mit großartigem Instinkt und Urteilsvermögen einen Namen gemacht. Ich war froh, dass er dabei war. Nachdem wir unsere Präsentation beendet hatten, wandte er sich an mich, um mit mir über die Strategie zu diskutieren. Auch wenn es mich sehr forderte, machte es mir großen Spaß seine durchdachten Fragen zu beantworteten. Ich gab auch Fragen an Reuter weiter, von denen ich wusste, er würde bei der Antwort punkten. Ich konnte sehen, dass er das zur Kenntnis nahm und wohlwollend aufgriff.

Unser Vorgehen zeigte Wirkung. Und das auf alle. Das Fazit des Vorstandes war extrem positiv. Für uns war das eine große Freude, als es nach der Diskussion grünes Licht gab und alle Ergebnisse akzeptiert wurden.

„Durch die Arbeit mit Ihnen, hat sich mein Denken verändert"

Es irritierte mich vorerst als Reuter mich einen Tag später in sein Büro rief. Was wollte er von mir. Mich wieder angreifen? Umso mehr beeindruckte er mich, als er zu mir mit einem sanften Ton sagte: „Das war ein erfolgreiches Projekt. Sie haben herausragende Arbeit geleistet. Und ich muss zugeben: Durch die Arbeit mit Ihnen, hat sich mein Denken verändert". In mir sammelte sich eine stille, wortlose Freude. Zugegebener Maßen war ich einen Moment sprachlos und empfand diese Bemerkung als großes Kompliment. Wie kam das? Reuter zeigte sich auf einmal sensibel. Ich war beeindruckt von ihm. Er zeigte Stärke, indem er Schwäche und Sensibilität zum Ausdruck brachte. Das hatte ich nicht erwartet.

Die Gefühle der Wut haben mich letztlich nicht weitergebracht. Sachlichkeit, die richtigen Fragen, Entwicklung für das Verständnis der Sache sowie die entsprechende Tiefe fürs Detail haben den Ausschlag gegeben, auch Reuter abzuholen und ihn zu beeindrucken. Das ist mir gelungen. Und die neue Beschaffungsstrategie ist so hilfreich, dass sie bis heute ihren Nutzen erfüllt und im Einsatz ist, worauf ich sehr stolz bin.

Jede Zusammenarbeit ist schwierig,
solange den Menschen das Glück ihrer Mitmenschen gleichgültig ist.
Dalai-Lama

Gleich und Gleich gesellt sich gern

Wie die Energien der Frauen sich gegenseitig stärken können

„Hey, Stopp mal!" Erschrocken drehte ich mich um. Eine Frau lief hinter mir her und begrüßte mich freundlich. „Ich bin Monika Dulef, die Prokuristin des Hauses. Ich wollte Ihnen nur sagen, dass Sie hier warten möchten. Die Kommunikationschefin wird sicher gleich hier sein und Sie empfangen. Machen Sie es sich bequem. Wir haben uns schon alle gefreut, Sie heute als neue Mitarbeiterin begrüßen zu können." Überrascht über die Freundlichkeit, bedankte ich mich und nahm in dem wunderschönen Empfangsraum Platz.

Ich sah mich um. Die Räumlichkeiten des Unternehmens, dem Geschmack des Inhabers entsprechend, waren nach dem Feng-Shui – Prinzip eingerichtet und mit auffallend großen Buddhas bestückt. Die gesamte Einrichtung war kombiniert mit warmherzigen Farben. Schwarz, rot und creme wechselten sich ab. Die Seele des Unternehmens schien sich hier widerzuspiegeln. Vor Jahren war ich auch mal auf dem Feng-Shui Trip und wusste, spirituelles Feng-Shui fördert die Verwirklichung geschäftlicher Vorhaben sowie Karrieren und Finanzen. Zwischenmenschliche Beziehungen werden überaus günstig beeinflusst. Selbst Lebensaufgaben können erkennbar werden. Ob ich mich wohl hier wohl fühlen werde? Das Interior entsprach jedenfalls voll meinen Vorlieben und sprach mich positiv an.

Eine junge Frau kam mit einem vergnügten Lächeln auf mich zu. Sie schien sehr aufgeweckt und wach, auf Anhieb sympathisch. Die blonden lockigen Haare hatte sie, genau wie ich, straff zurückgekämmt. Das ovale Gesicht war beherrscht von großen blauen Augen. Manchmal, stellte ich später fest, wirkte sie genauso ungelenk wie ich im Team. Und ich musste schon schmunzeln, als wir beide gleichzeitig feststellten, dass wir auch noch den gleichen Look trugen. Sie trug, genau wie ich, eine weiße Bluse mit einem Stehkragen und dazu einen schwarzen Lederrock. Das war zum Lachen. Zur gleichen Zeit, den gleichen Look. Das gab es nicht so oft.

„Sorry, ich bin einige Minuten zu spät. Aber ich wurde mit einem wichtigen Telefonat aufgehalten. Jetzt habe ich aber Zeit für Sie, denn ich bin die Frau, die sie in den nächsten Wochen in das neue Projekt einarbeiten wird. Maria Vorsteller, mein Name. Ich bin die Kommunikationschefin des Unternehmens."

In den letzten Wochen hatte ich mir sehnlichst gewünscht, dass ich endlich mal in einem neuen Team anfangen werde, in dem Frauen und Männer zu gleichen Teilen agieren. In den letzten Jahren landete ich immer in Teams, in denen 95 Prozent Männer agierten. Die Metallbranche, in der ich in den letzten Jahren tätig war, war natürlich eine Branche, die fast nur ausschließlich Männer beschäftigte. Aber damals interessierte mich diese Branche mit ihren großen Arbeitgebern sehr. Der Stoff Metall faszinierte mich, seine Verarbeitung wie seine Stabilität.

Aber die letzten Jahre reichten mir. Damals beschäftigte ich mich mit interner Kommunikation und leider auch viel mit Krisenkommunikation. Aber irgendwann kam der Punkt, dass ich neue Menschen kennenlernen und mir neue Arbeitsprozesse erobern wollte. Also ging ich auf die Suche, wechselte die Branche und sagte, tschüss zu Metall und Co.

Sympathie für Feng-Shui

Maria und ich fühlten von Anfang an eine solidarische Ebene. So kam es, dass wir auch noch später viele Gemeinsamkeiten entdeckten.

Als sie sich erstmals bei mir vorstellte und sich für die kurzweilige Verspätung entschuldigte, empfand ich viel Sympathie für sie. „Ach, das ist doch überhaupt kein Problem. Ich habe einen Kaffee getrunken und konnte mich in aller Ruhe in das neue Unternehmen einfühlen. Ja, und in diesem wunderschönen Empfangsbereich zu sitzen, ist ja auch nicht ohne. Ich war ja früher auch mal Feng-Shui-Fan. Ach, was sage ich, ich bin es heute noch. Aber nur zuhause. Es ist schon spannend für mich, jetzt kennenzulernen, wie ein Unternehmen Feng-Shui umsetzt."

Sie lächelte und sagte zustimmend „Nach der Feng-Shui-Philosophie zu agieren, birgt eine positive Lebenseinstellung in sich. Der Kern der Feng-Shui-Lehre bezieht sich ja auf die Harmonie zwischen Menschheit und Natur. Buddhismus spielt hier auch eine Rolle, deshalb die Buddhas. Die sehen doch Klasse aus?"

„Gigantisch", antwortete ich „so riesig groß und der goldene gefällt mir besonders gut."

Tief in mir schlussfolgerte ich, ein Unternehmen, das sich so viel mit Harmonie beschäftigte konnte nur positiv agieren. Umso mehr freute ich mich, hier zu beginnen. Wenn auch die Branche dieses Mal nicht Metall war, sondern hier ging es rund um das Thema Industriegase.

Aber da ich schon immer eine technisch interessierte Frau zu sein glaubte, war ich gespannt darauf, was mir Gase alles zu bieten hatten.

Im Vorfeld hatte ich viel über das Unternehmen recherchiert. Seit über 100 Jahren verbindet sich mit dem Namen eine gewachsene Industrie-gase-Kompetenz. Die Gruppe erzeugt und liefert Sauerstoff, Stickstoff, Argon, Kohlendioxid, Wasserstoff, Helium, Schweißschutzgase, Spezial-gase, medizinische Gase und viele verschiedene Gemische.

Maria fuhr mit mir in die dritte Etage. Dort befand sich eine gut be-setzte Presseabteilung, die auch mit den Landesgesellschaften sehr er-folgreich agierten. Sie erzählte mir einiges über die Abteilung und das Unternehmen: „Insgesamt beschäftigt das Unternehmen ca. 9.600 Mit-arbeiter. Wir machen hier eine intensive Pressearbeit und sind für die interne und externe Kommunikation zuständig. In der CEO-Kommunika-tion wird der CEO mit Augenmaß flankiert. Ich arbeite sehr gerne hier."

Ich hatte gelesen, dass das Unternehmen weltweit in 2015 einen Ge-winn von über 450 Millionen Euro erzielt hatte. Ebenso vielseitig wie das Spektrum der Gase sind die Branchen, die von diesen Gasen und dem anwendungstechnischen Know-how der Mitarbeiter profitieren: die Stahl- und Metallverarbeitung, die Chemie, die Lebensmittel- und pharmazeutische Industrie, die Automobil- und Elektronikindustrie, die Medizin, die Forschung und die Umwelttechnik. Ob Feng-Shui dabei half?

Maria erzählte mir, dass der Chef eine großartige Reputation hätte, die gepflegt werden sollte. Viele Interviews wurden in allen großen Zeitungen und sämtlichen relevanten Magazinen platziert. Ein nächstes Interview erschien in einer großen britischen Zeitung. Darüber hinaus hatte das Unternehmen im letzten Jahr 11 Awards gewonnen und erst vorgestern hat der Chef den Top Sustainable Business Award von CampdenFB und Société Générale entgegengenommen. „Das ist eine sehr schöne Bestätigung für alle Mitarbeiter", fügte ich hinzu, „und ich freue mich schon sehr auf mein digitales Projekt und auch auf die Zusammenarbeit mit Ihnen."

Meine Aufgabe war es, in einem umfangreichen Projekt zur Nutzung moderner Medien mitzuarbeiten. Es ging um eine internationale Social Media-Kommunikation des Unternehmens. Ich sollte diese optimieren und in mehreren Ländern ausrollen. Dabei arbeitete ich mit verschiedenen Kommunikationsleitern und Programmierern der Standorte Indien, USA, Frankreich und Deutschland zusammen.

Der Rollout sollte zeitlich gestaffelt erfolgen. Design, Architektur und Implementierung der einzelnen Channels sollten länderspezifisch entwickelt und angepasst werden.

„Wir setzen hier auf Ihre Erfahrung mit internationalen Projekten. Aber auch für die kaufmännische Abwicklung des Projektes sind sie verantwortlich", so Maria.

Wie Energien ein Unternehmen stärken

Anschließend stellte sie mir die verschiedenen Kollegen vor und zeigte mir ein schickes Büro – natürlich auch im Feng-Shui-Stil eingerichtet. Wow. Ich fühlte mich sofort wohl. Hier spürte ich von Anfang an eine tolle Energie.

Vor einiger Zeit las ich ein Buch von Sabine Guhr-Biermann, die über die Energien im Unternehmen schrieb. Ich las, dass die Energie eines Unternehmens ähnlich mit der Energie eines Menschen zu betrachten ist. Und jeder Mitarbeiter sollte in einem harmonischen Verbund zum Unternehmen stehen und die schnelllebige Energie des Unternehmens repräsentieren. Das heißt, es geht um einen fließenden energetischen Ablauf.

Das Unternehmen betrachtete sie als Person, womit sie wohl auch recht hatte. Sie schrieb auch über die sogenannten Blender, die immer wieder Ihre Statussymbole zum Blenden einsetzten. Aber genau diese Blender wären der Firma nie dienlich, denn ein Blender könne seine Energien nur auf sich selbst lenken. Sie empfahl, keine Blender einzustellen. Ob es diese hier auch gab?

Meinen zweiten Arbeitstag begann ich zuerst mit einem Frühstück und dem Nachdenken darüber, was ich wohl heute anziehen sollte. Farben waren ja im Unternehmen gefragt, denn schließlich verbreiteten sie, je nach Farbe, verschiedene Stimmungen. Die Sonne blinzelte ins Fenster hinein und ein Strahl wurde von meinem lilafarbenen Teppich aufgefangen. Das war das Zeichen und somit entschied ich mich für die Farbe Lila. Das war genau die richtige Farbe für die heutige Stimmung. Mein lilafarbenes Kleid zog ich voller Lust über, machte mich schick und fuhr in mein neues Arbeitsdomizil.

Pünktlich acht Uhr saß ich am Schreibtisch und kontaktierte meine ersten Partner per Mail. Maria rief mich an und sagte, dass sie gerne in 10 Minuten mit mir die Projektplanung besprechen würde und wir uns in ihrem Büro treffen würden.

Amüsante Zufälle mit lila

Es war sehr lustig, als wir uns begrüßten, denn Maria trug das gleiche Kleid wie ich. Was für ein amüsanter Zufall. Wir lachten beide erst einmal herzhaft darüber und tauschten uns über Fashion, Stil und Marken aus.

Oh Gott, über die Monate hinweg, kam das regelmäßig vor. Manchmal bekam ich schon eine Gänsehaut, wenn wir schon wieder das gleiche Kleid, einen Anzug mit der gleichen Farbe oder ähnliche Farben, auch noch am gleichen Tag, trugen.

Hinzu kam, dass wir in ähnlichen Lebensmustern lebten. Auch Maria hatte eine zwölfjährige Tochter. Also auch sie trug schon sehr zeitig Verantwortung. Beide Töchter befanden sich noch in der Phase ihrer Pubertät. Und in der Kantine besprachen wir immer unsere Probleme, die wir gerade mit unseren Töchtern erlebten.

Maria ist bis heute meine beste Freundin. Aber was lief da ab? Wie kam es, dass wir die gleichen Farben und den gleichen Lebensstil liebten? Wie kann es so viele Ähnlichkeiten geben, obwohl wir nie verwandt miteinander waren? Wie kam es, dass wir uns hier in diesem Unternehmen kennenlernten und auch noch in ähnlichen Lebensmustern agierten? Davon abgesehen, förderte dies enorm die Energie unserer Arbeitsaufgaben. Und diese Energie übertrug sich natürlich auch auf den Erfolg im Unternehmen.

Mit gleichen Energien mehr Power für unsere Projekte
Später machte ich mich etwas schlau und las so einiges über das Resonanzprinzip – auch in Bezug auf positive Schwingungen. Hier wird beschrieben: erfolgreiche Menschen ziehen erfolgreiche an, glückliche Menschen ziehen glückliche an, liebevolle Menschen umgeben sich mit liebevollen. Das würde bedeuten, Menschen mit gleichen Lebenskonzepten ziehen sich ebenso an. Oder Menschen mit ähnlichen Energien.

Eigentlich ein leichtes Lebensprinzip. Das heißt, durch bewusstes Denken, Entscheiden und Handeln kann ich mich mit den Energien verbinden, die ich ausstrahlen möchte. Also habe ich praktisch auch die Möglichkeit, Menschen, die auf demselben Level schwingen anzuziehen. Unbewusst scheinen Maria und ich, diese Kunst zu beherrschen. Denn es war ein Glück für den Erfolg unserer Zusammenarbeit – aber auch für unsere spätere Freundschaft, die sich aus diesen positiven Energien entwickelte. Das gab Power für ein befreites und glückliches Berufsleben, ebenso Power für unsere Projekte.

Entsprechend der Maxime: Gleiches zieht Gleiches an. Also nach dem Gesetz der Resonanz. Fühlt man sich gut, so zieht man mehr Gutes in sein Leben.

Mit vereinter Kraft und entsprechend dieser Maxime, ging ich nun zukünftig an mein Werk und zog hoffentlich nach dem Gesetz der Anziehung alles von mir Gewünschte in mein Leben. Vielleicht zogen wir ja noch mehr positive Dinge in unser Leben? Wir wollten noch erfolgreicher sein und waren beide auch irgendwie immer auf der Suche.

Das Thema interessierte uns jetzt beide, auch wenn wir keine Esoterikerinnen waren. Das hatte ja auch nichts damit zu tun. Wir wollten es wissen, da es uns betraf:

Was lief da ab? Können wir unsere Energien beeinflussen?
Wir bestellten massig Literatur dazu. Zahlreiche Buchhandlungen boten ein reichhaltiges Repertoire. Geschrieben stand, dass im energetischen Universum, Energie immer Energie der gleichen Frequenz und der gleichen Intensität anzieht. Ziel war es also energetische Zustände der gleichen Beschaffenheit anzuziehen. Wir gingen natürlich nur von Energien aus, die uns guttaten und uns dazu auch noch weiterentwickelten.

Der gesamte Mensch würde aus energetischen Zuständen bestehen. Mit unserer Gedankenwelt konnten wir also Schöpfer unserer eigenen Realität werden. Das heißt, jeder Mensch könne selbst bestimmen, welche Erlebnisse, Menschen oder Situationen er in sein Leben ziehen würde. Im wahrsten Sinne des Mottos: „Sage mir, mit wem Du Dich umgibst und ich sage Dir, wer Du bist!".

Das Beschäftigen mit Energien motivierte mich, festzustellen, von welchen Menschen war ich eigentlich umgeben. Denn sie waren ja letztlich das Spiegelbild meiner tiefsten Gefühlswelt. Wenn ich mich änderte, würde sich auch mein Umfeld und die Menschen, mit denen ich agierte, ändern. Oh Mann, ich hatte viel Veränderungsbedarf. Eher im privaten Bereich als im beruflichen. Es war Zeit, für meinen inneren Frieden einiges zu ändern.

Somit beschloss ich, den Focus auf meine Gedanken und Gefühle zu legen. Was ist mir wirklich wichtig in meinem Leben? War ich tatsächlich glücklich? Sah ich das Schöne – auch in stressigen Zeiten? Handelte ich in Liebe, zu allem, was ich tat?

Ich musste an die australische Fernsehproduzentin Rhonda Byrne denken, die sich in ihrer Bestseller-Dokumentation „The Secret" intensiv mit dem Gesetz der Anziehung beschäftigte. Für dieses Buch besuchte Byrne viele Lehrer. Sie hatte damals das Buch in einer Lebenskrise geschrieben.

Alle Lehrer, die sie befragte, meinten das gleiche, nämlich, dass das, was wir nur wahrnehmen können, wozu wir Resonanz haben, und auch nur in Kontakt kommen, womit wir in Resonanz sind. Das Gesetz der Anziehung wirkt durch Gedanken und Gefühle. Was man sich auch immer in seinem Geist vorstellt, ob bewusst oder unbewusst, zieht man wie ein Magnet zu sich heran. Worauf man sich gedanklich konzentriert, erlebt man in der Welt. Je mehr man bei einem Gedanken fühlt, desto stärker ist die Anziehungskraft für das Vorgestellte.

Also spielen faktisch die Gefühle beim Vorgestellten die große Rolle. Und alles passiert automatisch, bei allem, was wir denken. Dabei soll es keine Rolle spielen, wann wir denken oder gedacht haben. Das Gesetz der Anziehung würde auf jegliche Gedanken reagieren. Sämtliche Augenblicke und Erlebnisse des Lebens können somit beeinflusst werden.

Wenn Unternehmen dieses Gesetz berücksichtigten, dann würden sie noch erfolgreicher sein. Und wenn ich mein Leben verändern möchte, muss ich mich verändern.

Maria und ich hatten uns fest vorgenommen, an die Verwirklichung unserer Wünsche zu denken, um sie in unser Leben zu holen.

Wir wussten, der Erfolg liegt in unseren Händen. Denn es gibt keine hoffnungslosen Situationen.

Maria und ich arbeiteten noch drei Jahre in diesem Unternehmen zusammen. Anschließend verließen wir beide das Unternehmen und begannen mit der Gründung unserer eigenen GmbH. Da sind wir noch heute – umgeben von unseren 42 Mitarbeitern.

Wer seine Absichten zu früh enthüllt, bringt sie zum Scheitern.
Denn er gibt seinen Feinden und Neidern zu Gegenmaßnahmen Zeit.
Wer schweigen kann, der kann zu schönen Eroberungen gelangen.
Friedrich II., der Große

Wie ich nichtsahnend an die Wand lief

Eine sinnlose und frustrierende Mission und mein Vorbild Hillary

Niemals darf man davon ausgehen, dass hervorragende Vorlagen automatisch akzeptiert werden, oder dass der Präsentator mit offenen Armen empfangen wird.

An einem Freitagabend saß ich an meinem Schreibtisch und arbeitete an meiner Präsentation. Bis Montag zum Meeting, 11 Uhr, musste meine Präsentation zur Ausrichtung des Salesbereiches einer unserer Sparten fertig sein. Vor 6 Wochen bekam ich – mit meinem Team – den Auftrag, über eine grundlegende Neuausrichtung nachzudenken, da der Markt eingebrochen ist.

Mein Team habe ich angereichert mit Kollegen des Business Intelligence Teams und mit Kollegen aus den Produktbereichen. Intensiv haben wir in den Wochen gearbeitet und die Abteilungs-übergreifende Zusammenarbeit hat extrem viel Spaß gemacht, unseren Horizont erweitert und zu sehr guten Ergebnissen geführt. So meinte ich.

Ich war überzeugt von unserer wirklich guten Planung. Jetzt ging es mir darum, den Vorstand zu überzeugen. Ich wusste, in dem Meeting war ich mal wieder die einzige Frau. Ich war lange genug im Geschäft, um zu wissen, es würde nicht einfach mit den Herren werden und ich musste mich sehr gut darauf vorbereiten. Aber schließlich hatte ich schon öfter erfolgreich meine Vorlagen durchgebracht.

Sandkastenspiele in Meetings? Mit dem Wissen wächst der Zweifel
Gelegentlich muss ich schmunzeln, über meine Beobachtungen im

Boardraum. Da geht es sehr archaisch zu. Ein Hauen und Stechen, das sich in unterschiedlichster Form zeigt. Einer der Vorstände sagte immer staatstragend etwas und legte dann die Hände hinter den Kopf, sodass die Ellenbogen und nicht selten die verschwitzten Achselhöhlen sichtbar wurden. Eine leicht zu durchschauende Macht- und Überlegenheitsgeste. Allerdings schien nur ich mich darüber zu wundern, die Herren am Tisch fanden das wohl normal.

Was beobachtete ich noch? Der stärkste Sprecher gewinnt oft: Indem es nicht darauf ankommt, was man sagt, sondern wie man mit welchen Inhalten, was sagt. „Ich war gestern noch auf der Rennstrecke von Porsche. Mit meinem Bruder. Bei 260 km/h in der Kurve haben wir schon geschwitzt ...", so begannen manchmal die Smalltalk-Themen vor dem Beginn eines Meetings. Oft zwischen Männern im Alter von 35 und 50 Jahren. Meistens nickte ich nur lächelnd mit. Begann ich das Thema zu wechseln, um etwas mehr Niveau hineinzubringen, dann sprach mir irgendjemand dazwischen, schon war ich aus dem Rennen, und kam gar nicht mehr zu Wort. Auch hielt ich dann lieber meinen Mund, wenn einer meiner Vorgesetzten so sprach.

Wer verstehe, der lerne verlieren
Dieses Mal musste ich in meiner Präsentation besonders überzeugend agieren, da durch den Gewinneinbruch die Stimmung höchst angespannt war. Ich habe kein weibliches Vorbild, das ich persönlich kenne, da in allen Führungskreisen, in denen ich präsentieren durfte nur Männer saßen. Ich habe versucht, viel von ihnen zu lernen – aber sie nicht zu kopieren, sondern meinen eigenen Stil zu finden.

Ein großes Vorbild weckt Nacheiferung
Ich habe jedoch ein weit entferntes Vorbild: Hillary. Nie faszinierte mich ein Mensch so sehr wie Hillary Clinton. Sie verstand es, aus guten Strategien überzeugende Sandburgen zu bauen. Elektrisiert verfolgte ich schon immer viele ihrer Reden. Nicht umsonst wurde sie von Unternehmen wie zum Beispiel großen Banken extrem unterstützt. Unternehmen buhlen gerne um ihre Gunst. Im Spiegel las ich, dass Hillary für ihre Reden

immense Summen im sechsstelligen Bereich kassierte. Sie hatte es geschafft und ist immer einen strategischen Weg gegangen. Die meisten schätzen und respektieren sie. Ihre Anziehungskraft ist enorm und viele würden mit Sicherheit gern ein Stück vom Erfolg abhaben.

Dennoch: Wie konnte eine Frau so erfolgreich werden? Wie ging sie strategisch vor? Auch die letzte Vorwahl der Demokraten in Washington hatte sie gewonnen. Die Antwort kann nur sein: Mit einer guten Strategie und deren Umsetzung. Für viele steht heute schon fest, dass sie die erste Präsidentin der USA wird. Auch, wenn manche meinen, sie wäre zu zäh und zu beharrlich oder zu durchsetzungsfähig. Was heißt das schon? Weniger erfolgreiche Menschen nutzen diese Art von Äußerungen, um sich selbst immer wieder aufzuwerten. Außerdem waren ihre angeblich fehlerhaften Strategien als Außenministerin meines Erachtens keine Fehltritte.

Wenn die Medien schreiben, sie schaffte es, aus dem Schatten ihres Mannes zu treten, dann irren sich diese gewaltig, denn sie stand niemals im Schatten ihres Mannes. Und überhaupt stand sie niemals im Schatten von irgendwelchen Männern, die meinten, sie wären Hochkaräter. Alles nur eine Schatten-Phrase. Besser: Wo viel Schatten ist, brennt ein starkes Licht. Hillary ist und war ein starkes Licht.

So besann sie sich immer auf sich selbst und machte ihr eigenes Ding, mit einer steilen Karriere – trotz Mittelklassen-Elternhaus – auf einem Elite-College und später Jura in Yale. Anschließend wurde sie die First Lady im Bundesstaat Arkansas. Für viele Frauen, heute wie damals, wäre das ein Traum gewesen. Ich weiß, sie polarisiert und viele finden sie kalt und unsympathisch. Ich aber finde sie großartig.

Das Handeln von Frauen wird sowieso immer kritischer betrachtet – als das von Männern. Erst kürzlich las ich ein interessantes Buch über die Auswahl von Männern und Frauen in Führungspositionen. Die darin besprochene Forschung zeigt deutlich, dass ein und dasselbe Verhalten bei Männern und Frauen völlig unterschiedlich beurteilt wird. Wenn Frauen sich durchsetzen, gelten Sie schnell als kalt und unsympathisch. Männer hingegen werden für das gleiche Verhalten gelobt. Wir sind als Gesellschaft noch lange nicht da, wo wir hinwollen. Hillary aber schon.

Aggression lag im Raum

Als ich das Boardbesprechungszimmer betrat, spürte ich sofort: die Luft brannte. Die Stimmung war aggressiv und schneidend. Mit einem Nicken wurde ich aufgefordert loszulegen.

Wie meine Präsentation zerlegt wurde

Kaum, dass ich auf der dritten Seite meiner Unterlage war, kamen schon die ersten merkwürdigen Fragen. Einer der Vorstände versuchte mich zwischendurch immer wieder von meiner Strategie abzulenken, indem er überhaupt nicht zum Thema passende Einwürfe machte. Der Vorstandsvorsitzende half auch nicht. Er, der das Ganze in Auftrag gegeben hatte, schien total desinteressiert, sah zu, wie ich von den anderen Vorständen auseinandergenommen wurde und verließ mittendrin einfach den Raum. Er kam auch nicht wieder.

Was für ein Desaster! Was würde Hillary jetzt tun? Wie sie ständig Entscheidungen treffen musste, musste auch ich jetzt eine Entscheidung treffen. Den Raum verlassen, weitermachen oder für die Sache ringen? Andererseits hätte man mir doch sagen können, ich solle aufhören. Ich entschied mich voller Kraft und Entschlossenheit, sie zu überzeugen und weiter zu präsentieren. Die Strategie war doch gut. Ich war überzeugt davon.

Es wurde nicht besser, sondern schlimmer. Mein Beharren auf der Sachebene schien das Gefecht noch anzustacheln und nach weiteren zehn demütigenden Minuten, hörte ich geschlagen, am Boden zerstört, auf – und verließ den Raum.

Hinterher erfuhr ich, dass im Stillen bereits Verkaufsverhandlungen für die in Schieflage geratene Sparte begonnen hatten und nicht alle Vorstände sich einig waren, in Bezug auf die Vorgehensweise. Ich hätte inhaltlich noch so viel kämpfen können, die Strategie brillant sein, es hätte nichts gebracht. Trotz dieses Wissens habe ich eine Weile gebraucht, um mich wieder zu motivieren. Von meinem Team ganz zu schweigen. Sechs Wochen harte Arbeit, alles umsonst und dann noch den Wölfen vorgeworfen.

Sich taktieren zu lassen, erfordert eine Unterwerfung zu
Gunsten des Taktierers.
Es gibt allerdings Menschen, die sich nicht „herumtaktieren" lassen
und gern den Ton in ihrem Leben allein angeben wollen.
Damaris Wieser

Sie haben sehr schöne Schuhe oder wie Vorstandssitzungen mit Gesängen enden können

Männer präsentieren sich selbst dann noch kompetent,
auch wenn sie wenig zu bieten haben

Den Mut, neue Herausforderungen anzunehmen, hatte ich schon immer. Als Tochter einer Lehrerin und eines Psychologieprofessors wuchs ich in einem kleinen Dorf in der Nähe einer norddeutschen Kleinstadt in einem liberalen Elternhaus auf. Um der Enge der kleinen Gemeinde zu entkommen, ging ich nach Köln und studierte an der hiesigen Universität Betriebswirtschaftslehre.

Fast jeder kennt das Gefühl des Identitätsverlustes, wenn er fern von den Menschen, Dingen und Orten ist, die ihm lange vertraut waren. Mir ging es nicht so. Ich liebte diese urige Stadt sofort. Das Besondere am Kölner Leben ist seine lebendige Natürlichkeit sowie gediegene Widerstandsfähigkeit. Und diese Fähigkeiten übertrugen sich auf mich. Ich schrieb schon während des Studiums meine Doktorarbeit und startete anschließend als Hochschullehrerin. Bereits nach kurzer Zeit erhielt ich eine Professur. Auch wenn es nicht immer einfach war, lernte ich, wie ich in meiner Rolle als Professorin aufzutreten hatte. Mit viel Fleiß und Einsatzbereitschaft erarbeitete ich mir einen exzellenten wissenschaftlichen Ruf und entwickelte tragfähige sowie zukunftsweisende Ideen für das Ansehen der Universität.

Mein Uni-Projekt, ein Beratungsunternehmen, hatte ich mir bis ins kleinste Teilchen durchdacht. Für die Universität war es ein Aushänge-schild und das Finanzierungskonzept erschien absolut tragfähig. Ich war glücklich, dass dieses Projekt durch das Nadelöhr des Ausschusses passte und ich die Genehmigung bereits nach kurzer Zeit erhielt. Mit großem Erfolg gründete ich sodann dieses Institut an der Universität. Bei der Organisation handelte es sich um eine selbständige Firma, die als Bera-tungsinstitut für Führungskräfte agieren sollte.

Ich schrieb mir das Thema „schwierige Vertragsverhandlungen" auf die Fahnen

Auch wenn es nicht einfach war, entwickelte sich meine Beratungstä-tigkeit hierbei noch stärker zur Profession. Als gefragte Beraterin nahm ich an großen Verhandlungen, wie Tarifverhandlungen teil. Oft saß ich als einzige Frau am Tisch der Vorstandssitzungen mit gestandenen Män-nern 40Plus.

Der Tag, an dem ich meine erste Beratungssituation während einer Vorstandssitzung erlebte, prägte sich stark in mir ein. Im Gegensatz zu manchen Kollegen mit ihrer lähmenden Aufgeregtheit, bemühte ich mich um Ausgeglichenheit und nahm schon morgens mein Frühstück mit kon-zentrierter Ruhe ein. Meine Maxime lautete: Ruhe und Bedachtsamkeit.

Während der Autofahrt in das Unternehmen hatte in mir der geistige Motor gearbeitet, der nochmals die Unternehmenssituation in meinen Gedanken durchspielte. Einige Tage davor habe ich mich genauestens vorbereitet. Das Thema: schwierige Tarifverhandlungen mit einem gro-ßen Familienunternehmen und der Gewerkschaft. Dabei sollte es um das deutsche Arbeitsrecht mit den Verhandlungen zwischen Arbeitge-ber- und Arbeitnehmervertretungen der Branche gehen; üblicherweise Arbeitgeberverband und Gewerkschaft.

Mein Ziel war es, bei Verhandlungen für einen Firmentarifvertrag zur einheitlichen Entlohnung und zu einheitlichen Arbeitsbedingungen zu beraten. Es ist so, dass der Staat hierbei nicht eingreift und er erkennt somit die Tarifautonomie der Arbeitgeber – und Arbeitnehmervertretun-gen dafür an. Letztlich gibt er nur Orientierungsdaten; die Mindestnor-men für Arbeitsbedingungen werden über Gesetze geregelt.

Als ich erstmals zu Rate gezogen wurde

Ich betrat das Gebäude mit Neugierde und absoluter Konzentration. Ruhig, kompetent und ausgeglichen wollte ich beim Vorgespräch mit den Vorständen in der Vorstandssitzung wirken. Ohne jegliche Aufregung. Die Sitzung fand in den Räumlichkeiten des obersten Chefs statt. Ich kannte ihn noch nicht und hatte gehört, dass er äußerst schwierig sei – auch in Bezug auf den Umgang mit Frauen. Die freundliche Dame am Empfang wusste bereits, dass ich käme. Innerhalb kürzester Zeit wurde ich von der Assistentin des Vorstandsvorsitzenden abgeholt.

Hardy Groß, der Vorstandsvorsitzende, wollte mich zuerst allein sprechen. Ich nahm kurz im Aufenthaltsraum Platz und war froh ein schwarzes, sehr seriöses Kostüm gewählt zu haben. Auf hohe Pumps und Make-up verzichtete ich in solchen Verhandlungen nie. Mich am Morgen mit Bedacht anzuziehen, war wie in meine Rüstung zu steigen. Es gab mir Sicherheit. Auch meine Handtasche von Vuitton gehörte dazu, selbst wenn ich weiß, dass Männer unsere weiblichen Statusmerkmale, wie Handtaschen, in der Regel nicht einmal registrieren.

Ich wusste, Groß war Eigner in zweiter Generation, ein Mittfünfziger mit exzellenter Reputation. Sein Unternehmen ernährte de facto die ganze Region und er galt als verantwortungsvoller Unternehmer. Ich arbeitete grundsätzlich gerne mit Männern über 50, lieber als mit den 35 bis 45-Jährigen, die oft aggressiver auftreten und den Frauen zeigen wollen, wo der Hammer hängt. Ich war also positiv gespannt.

Groß holte mich persönlich ab und führte mich in seine Räumlichkeiten. Er wirkte gediegen und stattlich mit der obligatorischen Rolex am Handgelenk. Sein Büro war riesig und ähnelte einem „Denver-Carrington" Büro der 80er Jahre. Wertvolle braune massive Holz-Einbauschränke sorgten für Atmosphäre. Aber auch zahlreiche Machtsymbole sendeten für jeden Geschmack die entsprechenden Botschaften. Manche Regale wirkten wie Spielregale: Flugzeuge, Golftrophäen, usw. Die Ledersitzgruppe wirkte einladend, übergroß. Prächtige Gemälde hingen an den Wänden. Ein dicker Teppich sorgte für Gemütlichkeit.

„Sie haben sehr schöne Schuhe", sagte Groß zu mir, als wir sein Büro gemeinsam betraten. Ups. Was war denn das für eine Aussage? Ich wusste nicht, wie ich darauf reagieren sollte. Überhören oder schlagkräftig antworten? „Danke. Wir können gerne tauschen", antwortete ich lächelnd. Er wollte mich einfach herausfordern. „Mh ...", antwortete er ohne eine Miene zu verziehen. Der Herr schien meine Antwort überhören zu wollen und ging sodann zum Thema über. Sein erster Satz – in Form eines Kompliments – sollte die Machtverteilung zwischen mir und ihm transportieren.

Nach unserem Gespräch führte er mich in den Sitzungsraum zu den anderen Mitgliedern des Verhandlungsteams. Zuerst stellte er mir seinen Stellvertreter vor. Dr. Martin Bieber war kaufmännischer Geschäftsführer und bestens ausgebildet, ein gutaussehender temperamentvoller Mann. Alles, was ich über ihn erfuhr, deutete darauf hin, dass er eine glänzende Karriere im Unternehmen hinter sich hatte. Die anderen Herren wirkten eher farblos und anpassungsgeladen. Nach einigen Small-Talk-Fragen zum Tagesverlauf setzte ich mich an den Konferenztisch. Vor mir stand ein großes Schild mit meinem Namen. Langsam und gelassen nahm ich mir ein Glas Wasser. Die Sitzung dauerte mehr als acht Stunden. Anstrengend war es, weil alle Herren Groß recht gaben. Sagte jemand etwas, was ihm nicht passte, reagierte er äußerst ungehalten. Ein Patron alter Schule.

Sitzung beendet – Gesänge folgten

Punktgenau um 18 Uhr wurden die Weingläser und ein edler Wein aus den Schränken geholt. Was war denn hier los? Ob ich wollte oder nicht, ich musste jetzt mittrinken. Und das am späten Nachmittag. Aber ein Spielverderber wollte ich natürlich auch nicht sein. Heiß her ging es also dann mit Weißwein.

Kurze Zeit später, begann Groß auf einmal Schlager aus den siebziger Jahren zu singen. Befand ich mich im Spielfilm oder in der Muppet-Show? Alle Herren stimmten mit ein und beobachteten mich, wie ich wohl reagieren würde. Mir blieb nichts anderes übrig, als mit zu singen, was mir ganz gut gelang. In Asien muss man schließlich auch oft mit Geschäftskunden singen, warum nicht auch hier? Dennoch hoffte ich, dass jemand hervorsprang und „Versteckte Kamera – Verstehen Sie Spaß?", rief. Dem war aber nicht so.

Dieser Tag war sehr anstrengend. Ich hatte mit allem gerechnet. Nur nicht mit Schlager singen – mit einem Firmeneigner und seiner Führungsmannschaft. Ich dachte, ich hätte schon alles gesehen, so kann man sich irren.

Auf diese Weise wäret ihr Frauen wohl unüberwindlich, erst verständig,
dass man nicht widersprechen kann,
liebevoll, dass man sich gern hingibt,
gefühlvoll, dass man euch nicht weh tun mag,
ahnungsvoll, dass man erschrickt.
Johann Wolfgang von Goethe

Der Kampf am Herd

Mach Karriere, sei dir aber deiner Rolle als Mutter und Ehefrau bewusst

Ich hege eine tiefe Liebe zu meinem Mann. Genauso wie ich, war auch mein Mann in der Forschung tätig. Mein Mann ist zehn Jahre älter und hatte schon einiges an Erfahrung im Berufsalltag lernen können. Während ich mich von Anfang an, immer wieder behaupten und durchsetzen musste, war der Start für meinen Mann völlig unproblematisch. Meine damaligen Beobachtungen zeigten, dass es männliche junge Kollegen einfacher haben, als die weiblichen Kollegen. Das beobachtete nicht nur ich so, sondern den weiblichen jungen Kolleginnen ging es ebenso. Umso schöner war für mich, dass mein Mann mich unterstützte, um mir mit Rat und Tat zur Seite zu stehen. Er war so viel weiter oben auf der Karriereleiter.

In den letzten Jahren habe ich drei Kinder geboren. Bereits als schwangere Frau spürte ich, wie ich in meinen Arbeitsaufgaben von der Führungsebene beeinträchtigt wurde. Der damalige Präsident der Forschungseinrichtung sagte eines Tages zu mir, ob sie denn noch in Zukunft mit mir rechnen könne. „Natürlich", antwortete ich ihm bestürzt. Was sollte denn diese Frage? Wir leben doch im 20. Jahrhundert. Ich hatte vor, weiter zu arbeiten und außerdem machte mir meine Arbeit sehr viel Freude. Egal, ob ich schwanger oder Mutter war. Ich hatte damit zu kämpfen, ernstgenommen zu werden und manchmal hatte ich es satt, mich ständig zu beweisen, dass ich trotz meiner Mutterrolle genauso zur Verfügung stehe, wie eh und je.

„Sei dir aber deiner Rolle als Mutter und Ehefrau bewusst"

Nach einigen Jahren meiner Tätigkeit für das Institut stellte sich mir eine neue Herausforderung in den Weg. Ich hatte die Gelegenheit, parallel zu meiner forschenden Tätigkeit, eine GmbH zu übernehmen und besaß die passenden Voraussetzungen dafür. Ich war im richtigen Alter, hatte genug Erfahrung. So wie es sich gehört, besprach ich diese Veränderung mit meinem Mann. Und es war schon fatal, als mir mein Mann zwar zustimmte, jedoch im Gegenzug sagte: „Sei dir aber deiner Rolle als Mutter und Ehefrau bewusst". Er machte mir mal wieder unverblümt klar, dass er erwartete, dass ich weiterhin alle Belange, die Kinder und den Haushalt betreffend, alleine zu managen hatte. Seine Karriere war schon einige Zeit auf einem Peek und stagnierte und bei mir ging noch mal richtig etwas voran.

Mein Mann fand schon gut, dass ich arbeitete, wollte aber dadurch keine Beeinträchtigungen für sich. Das zeigt sich in simplen Alltagshandlungen. Beide kommen wir zur gleichen Tageszeit nachhause, oft sogar ich nach ihm. Die erste Tätigkeit meines Mannes ist es, den Fernseher anzuschalten oder Zeitung zu lesen – während ich mich um sämtliche Haushaltsbelange kümmere. Ich räume die Wohnung auf, bügle oder helfe den Kindern bei den Hausarbeiten. Anschließend bereite ich das Abendessen vor. Das heißt, meine Freizeit widme ich der Hausarbeit und der Erziehung meiner Kinder. Nach Dienstschluss kommt es für mich niemals in Frage, die Füße hochzulegen. Obwohl wir im Haushalt Unterstützung haben, bleibt immer viel zu tun.

Ich habe mehrfach versucht, ihn zu mehr Mithilfe zu bewegen. Das hat nur Unfrieden gebracht, aber keine Einsicht und schon gar keine Mithilfe. Manchmal hat es mich aufgerieben und gefrustet, am Ende habe ich dann halt wieder alles gemacht, so hatten wir zumindest Harmonie.

Bei einem Abendessen mit einer anderen berufstätigen Frau bekam ich den Tipp, keine Energie mehr darauf zu verwenden, meinen Mann ändern zu wollen, sondern die Organisation von der erforderlichen Unterstützung in die Hand zu nehmen. Das hat sich für uns als guten Tipp herausgestellt. Ich bin gut im Organisieren und habe generalstabsmäßig die notwendige Unterstützung im Haushalt sichergestellt. Seither bin ich entlastet und für meinen Mann ist das okay, solange er sich nicht darum kümmern muss.

Mit dem Thema Unterstützung für unsere Karrieren bin ich wohl nicht alleine. Kürzlich war ich auf einer sehr hochkarätigen Veranstaltung, auf der eine Vorständin ausgezeichnet wurde. In ihrer Dankesrede sagte sie, dass sie sich explizit bei ihrem Mann dafür bedanke, dass sie Karriere hat machen dürfen, solange zuhause alles läuft.

Ich liebe meinen Mann und meine Kinder und auch meinen Beruf. Ich weiß, es geht uns prächtig und ich bin sehr dankbar für alles. Auch wenn ich oft sehr müde bin. Dennoch würde ich auf nichts davon verzichten wollen.

Jetzt hoffe ich, dass mein Mann und ich noch einen guten Weg finden, damit umzugehen, weil meine Karriere sich plötzlich mehr bewegt, als die meines Mannes. Er scheint mich immer noch gerne als seinen Zögling zu sehen, der aber nicht auf Augenhöhe oder gar darüber hinaus kommt. Ich bleibe zuversichtlich.

Warum bekam mein männlicher Vorgänger das doppelte Gehalt?

Soviel zu Equal Pay

Ich startete als Geschäftsführerin. Auch wenn die Gehaltsverhandlungen miserabel liefen. Denn kurz nach meinem Einstieg erfuhr ich, dass mein Vorgänger das doppelte Gehalt bekommen hatte. Eine Frechheit und Ungerechtigkeit. Warum zahlte man mir nur die Hälfte. Wo war denn nur die Gleichbehandlung der Frau gegenüber dem Manne? Ich bin ja diesbezüglich kein Einzelfall. Aber woran liegt das? Sind wir Frauen weniger produktiv, weniger fleißig oder einfach nur unbegabt? Wahrscheinlich nicht. Aber ich schien deutlich unbegabter im Verhandeln zu sein – als mein Vorgänger das war. Und das Unternehmen schien wohl auch weniger zahlungsbereit zu sein.

Der Geist der Zeit ermöglichte allen Frauen, dass wir Schulen und Universitäten besuchen können, um ebenso Karriere zu machen – wie Männer. Die Realität in Sachen Gleichbehandlung war jedoch noch oft anders, zumindest beim Gehalt.

Ich hatte schon so viele Geschichten von Frauen in meinem Netzwerk zum Thema Gehaltsungerechtigkeit gehört und war mir immer sicher, mir würde das nicht passieren. Wie naiv ich doch war.

Rationale Säbel führten meinen Kampf ums gleiche Gehalt

Ich zog meinen Säbel und war zum Kampf bereit, das konnte ich niemals hinnehmen. Da ich wusste, dass man in Aufregung und voller Emotionen keine guten Verhandlungen führen kann, entschied ich mich, mein Anliegen schriftlich vorzubringen, um meine Worte besonders sorgfältig zu platzieren. Es sollte fordernd, nicht anklagend, sachlich und wenig emotional sein.

Dieses Schreiben zeigte so viel Wirkung, dass ich bereits am anderen Tag von meinem Vorgesetzten zum Lunch eingeladen wurde, um mit mir darüber zu sprechen. Notfalls war ich dann auch bereit, den juristischen Weg zu gehen und einen neuen Arbeitgeber zu suchen. Das musste mein Chef gespürt haben.

Das Resultat: ich gewann. Der bittere Geschmack ist aber eine ganze Weile geblieben.

Gleichberechtigt wollen alle sein. Gleichverpflichtet – nicht.
Ernst Ferstl

Wie ich die Firma meines Vaters mit 18 Jahren übernahm

Mit „ich mache es anders" zum Erfolg

Wie bitte? Mein Vater fragte mich, ob ich die Firma übernehmen möchte. Wir saßen gemütlich im Restaurant, und dann das. Auf diese Frage war ich weder vorbereitet, noch hatte ich sie erwartet. Spontan sagte ich – ja. Ich war kaum volljährig und gerade mit der Lehre fertig. Mein Vater hatte gesundheitliche Handicaps, machte sich Gedanken um die Nachfolge. Zwar gab es noch meinen jüngeren Bruder, doch in den Fußstapfen sahen meine Eltern mich. Offenbar hatten sie keine Bedenken, mehr noch, sie trauten mir diesen nicht einfachen Spitzenplatz in einer Männerdomäne zu, was mich stolz machte.

Die Belegschaft schwankte zwischen Loyalität und Misstrauen
Mein Start war zugegeben etwas holprig, denn viele unserer langjährigen Mitarbeiter kannten mich ja schon als Kind mit blonden Locken und aufgeschlagenen Knien vom Rollerfahren auf dem Betriebshof. Unsere Firma ist ein mittelständisch produzierendes Unternehmen, da ging es auch familiär zu. Die gestandenen Facharbeiter, aber auch die Frauen an den Produktionsstrecken, hatten so ihre Vorbehalte. Ohne technische Erfahrung, nie über den Tellerrand geschaut und sicher auch noch keine Schieblehre in der Hand gehabt, hieß es hinter vorgehaltener Hand. Die Belegschaft schwankte zwischen Loyalität und Misstrauen. In den ersten Wochen sog ich alles auf, mein Vater half mir natürlich, wo er konnte. Doch meine Kompetenz musste ich mir selbst aufbauen, was bedeutete, dass ich in Schulungen lernte, wie ein Drehmoment-Prüfgerät funktio-

nierte oder ein Brennerhalswechsel durchgeführt wird. Fragte mich ein Werkstattmitarbeiter nach einem bestimmten Detail, konnte ich ihm die richtige Antwort geben. Das beeindruckte. Wer fachlich nicht fit ist, wird nicht akzeptiert. Dieser Aha-Effekt war absolut zu meinen Gunsten. Mit Großspurigkeit macht man sich nur lächerlich, lieber werde ich zunächst unterschätzt. Man hatte eine niedrige Erwartungshaltung an mich, das war mein Vorteil.

Der Umsatz stieg mit unternehmerischen Strategien

Bald 15 Jahre ist mein Einstieg ins Unternehmen her. Der Umsatz hat sich mittlerweile mehr als verfünffacht. Meinem Sprung ins kalte Wasser folgten neue unternehmerische Strategien. So investierten wir beispielsweise stark in den Online-Handel. Wir sind heute Experten darin, unseren Kunden Lösungen anzubieten – nicht nur in Bezug auf ein bestimmtes Produkt. Wenn man für seine Kunden die „Kohlen aus dem Feuer holt", wird das honoriert.

Die ersten Jahre nahm ich mir keinen längeren Urlaub und ging völlig darin auf, die mir gesteckten Ziele zu erreichen. Auch übernahm ich Ehrenämter, um mich noch besser zu vernetzen. Früh wurde mir dabei das Thema „Positives Denken" wichtig, und ich versuche es, in allen Bereichen meines Lebens anzuwenden. Bloß nicht auf Negatives fokussieren oder an erstarrten Strukturen festhalten. Jeden Morgen gebe ich mir eine starke Motivation, denn Optimismus lässt sich trainieren. „Wer immer tut, was er kann, bleibt immer das, was er schon ist", ist so ein Spruch, den ich in den Tag mitnehme.

Eine Unternehmensnachfolge ist eine Entscheidung fürs Leben

Nichtsdestotrotz, als Unternehmerin muss ich mich immer beweisen, Vollgas geben und jeden Tag hart arbeiten, aber das unterscheidet mich nicht von einer männlichen Führungskraft. Dass die Verantwortung groß sein würde, wusste ich nur theoretisch. Aber wenn man sie dann hat und spürt, bei mir mit Anfang 20, ist das etwas Anderes. Von meinen Entscheidungen in der Geschäftsführung hängt viel ab, das Schicksal von vielen Menschen und ihren Familien. Ebenso war die Rente meiner

Eltern von meinem Geschick abhängig. Es stürmt vieles auf einen ein, von außen wie von innen. Eine solche Unternehmensnachfolge ist eine Entscheidung fürs Leben, das muss man wissen. Ich bin wie das Glied in einer Kette, auch nach mir soll es weitergehen.

Seit einigen Jahren versuche ich, immer weniger, „im" als „am" Unternehmen zu arbeiten. Hinhören und offen sein, ist mein Credo. Ich möchte für meine Mitarbeiter da sein, ihnen beim Wachsen helfen, an Strategien arbeiten. Inzwischen arbeiten an die 50 Menschen für uns, etwa die Hälfte davon sind Frauen. Die meisten kommen aus der näheren Umgebung, klar, dass man da auch mal den Werkstattleiter beim Einkaufen trifft. Für Gesprächsstoff im Ort sorgten da manche Angebote, die ich im Unternehmen installierte, um die „Work-Life-Balance" anzuregen, beispielsweise Ruhezonen und ein gut ausgestatteter Fitnessraum. Gerade ältere Mitarbeiter fremdelten zunächst. Große Augen machten sie, als ich mobile Massagestühle anschaffte. Missen wollen, will diese Annehmlichkeiten inzwischen keiner mehr, aber es dauerte eine ganze Weile bis sie von den meisten akzeptiert und genutzt wurden.

Unerfüllbare Anspruchshaltung der Mitarbeiter
Auf der anderen Seite machte ich die Erfahrung, dass Mitarbeiter eine Anspruchshaltung gegenüber dem Unternehmen an den Tag legten, die unerfüllbar war. Flexible Arbeitszeiten hatten wir schon, viel Teamcoaching und regelmäßige Belastungsanalysen, um Problemfelder früh aufzudecken, doch jetzt sollte ich mich auch um familiäre Probleme kümmern. Ich bin kein guter Kumpel, sondern die Chefin, die es gut mit ihren Mitarbeitern meint. Insgemein fragte ich mich, ob die Betreffenden meinen Vater in dieser Position ebenso in private Krisen eingeweiht hätten. Kurzum, die Anspruchshaltung nervt mich manchmal und enttäuscht mich, wenn ich sie unmittelbar erlebe. Der Pausenraum ist toll, viel freundlicher und kommunikativer als zu Zeiten meines Großvaters, der den Betrieb aufbaute. Jetzt fordern einige neues Mobiliar. Es ist ein gutes Gefühl zu wissen, dass man genug Geld hat, und ich teile auch gern. Privat haue ich bestimmt nicht auf den Putz, Futter für die Neidgesellschaft, die es in Deutschland gibt, gebe ich gewiss nicht. Dennoch: Erwarte ich zu viel Dank?

Ein Faible für Technik hatte ich übrigens schon als kleines Mädchen, neben einer Spielzeugküche besaß ich auch einen Stabilbaukasten und einen Berg Legosteine. Und wie gern schraubte ich zur großen Verwunderung meiner Freundinnen am Puppenwagen die Radmuttern nach, oder ich tat zumindest so.

Frauen staunen, wenn sie mich heute erleben, vertraut mit technischen Details und geübt im freundlichen Klartext gegenüber Mitarbeitern im Blaumann. Unsere Branche ist kein Streichelzoo. Ein Irrtum ist außerdem, dass der Chefsessel eine reine Komfort-Zone ist. Man ist mit vielen Forderungen und Ansprüchen konfrontiert. Wenn ich etwa in die USA fliege und dort wie eigentlich überall mit männlichen Kunden verhandele, sind Know-how und Hartnäckigkeit entscheidend. Ist das nicht abrufbar oder verinnerlicht, kommt nichts dabei heraus.

Zickenterror? Ein Büro voller Frauen, das gibt es bei mir nicht
Generell finde ich im Übrigen die Zusammenarbeit mit Frauen schwieriger, viele arbeiten gegeneinander, legen sich ohne erkennbaren Grund Steine in den Weg. Je jünger die Frauen sind, desto stärker scheint das Konkurrenzdenken. Regelrechten Zickenterror erlebte ich vor Jahren auf einer Industriemesse, als emanzipierte und erfolgreiche Frauen sich laut angifteten. Der Anlass mehr als banal. Im Kern war es Eifersucht auf den Erfolg der anderen und für mich völlig unverständlich. Ein Büro voller Frauen, das gibt es bei mir nicht. Mit gemischten Teams haben wir im Unternehmen die besseren Erfahrungen gemacht.

Als ich Pause brauchte und eine Weltreise antrat
Auch Unternehmer brauchen mal eine Pause. Meine dauerte genau neun Wochen. Wer wie ich Mitarbeitern helfen will, zu wachsen, benötigt manchmal selbst einen Wachstumsschub, im Idealfall einen, der richtig Spaß macht. Eine Weltreise sollte es sein, mein Partner und ich träumten davon. Australien, Hawaii und noch viel weiter.

Hatte ich mir diese Auszeit nicht längst verdient, nach Jahren nonstop unter Strom? Weit weg, keine E-Mails und mit vollen Akkus wiederkommen. Im Unternehmen kommunizierte ich die Reisepläne ganz offen,

216

allerdings erst nachdem ich im Stillen eine Strategie entwickelt hatte, wie der Betrieb auch ohne mich rund läuft. Es beruhigte vor allem die älteren Mitarbeiter zu wissen, dass ein externer Interim Manager das betriebswirtschaftliche Management übernehmen wird. Als dann der Reisetermin näher rückte, war meine männliche Vertretung bereits im Betrieb tätig, was mich beruhigt ziehen ließ. Sein Honorar war gut angelegt. Eigentlich werden Interim Manager gerufen, wenn es im Unternehmen brennt, eine Sanierung oder Prozessoptimierung ansteht. Ich ging, um in einen unverändert gesunden Betrieb zurückzukommen. Mit neuen Erfahrungen, vielleicht mit neuen Ideen. Ich war für alles offen.

Über Facebook blieb ich mit allen in Kontakt
So ganz war ich nicht aus der Welt. Über Facebook ließ ich Familie und Freunde an den fantastischen Stränden und Metropolen teilhaben, die wir besuchten. Für Notfälle gab es eine Faxnummer, weiter nichts.

Wieder zurück
Seit ein paar Wochen wieder zuhause und im Unternehmen zu sein, fühlt sich an, als habe ich ein noch stärkeres Band geknüpft: zu den Mitarbeitern, zur Firma und zu mir selbst. Vertraut und doch irgendwie anders. Ich will einiges bewegen und über meine Erfahrungen mit anderen Führungskräften und Unternehmern sprechen. Diese Reise war die zweitbeste Entscheidung meines Lebens, gleich nach meiner Entscheidung für die Nachfolge.

Was ich mit 18 Jahren bestenfalls ahnte, weiß ich heute genau: Jeder wächst mit seinen Aufgaben. Den Rat meines Vaters höre ich gern, doch ich habe gelernt, allein zu entscheiden. Je jünger oder unerfahrener man ist, desto wichtiger ist ein Mentor, ein Vertrauter, der an deine Fähigkeiten glaubt und dich auf dem Weg unterstützt. Oder wenigstens inspiriert, und dessen Erkenntnisse du geradezu inhalieren kannst. Nicht jeder muss ein Unternehmen führen, um diesen Gewinn zu machen.

Ich werde auch vorausschauend meine Stabübergabe einmal vorbereiten und im Team den Nachfolger aufbauen. Die Friedhöfe sind nämlich voll von Unternehmern, die glaubten unentbehrlich zu sein. Ich will es besser machen.

Die große Frage, die ich trotz meines dreißigjährigen Studiums
der weiblichen Seele nicht zu beantworten vermag, lautet:
„Was will eine Frau eigentlich?"
Sigmund Freud

Bloß nie Kaffee kochen!

Eine Juristin kann mehr als nur Jura
oder wie ich die Compliance Abteilung eines Konzerns aufbaute

Alle Männer schauten mich auffordernd und erwartungsvoll an. Das
Meeting hatte gerade Fahrt aufgenommen. Die Sache schien ihnen ernst
zu sein und offenbar nur ich, die einzige Frau in der Runde, konnte ihnen
aus der Bredouille helfen. „Kekse fehlen", sagte einer und zehn Augen-
paare warteten auf meine sofortige Reaktion. „Stimmt, ich habe auch
Lust auf Kekse", meinte ich und hob bei meiner Frage leicht die Stimme:
„Wer könnte uns jetzt wohl helfen?" Natürlich hatten die Herren erwartet, dass ich sofort in den Dienstleistungsmodus gehe, aufspringe und das
Gebäck irgendwie und von irgendwoher besorgte. Ich bin Juristin und saß
gleichberichtigt in dieser Runde, aber da es um Nahrung und damit um
Versorgung im weitesten Sinne ging, kramte man augenblicklich uralte
Instinkte hervor. Dies geschah weder in böser Absicht, noch um mich
zu demütigen. Es war einfach normal. Die Runde kam schließlich ohne
Kekse aus, mein Widerstand hatte die Männer peinlich berührt und so
groß war ihr Heißhunger dann doch nicht, dass einer bereit gewesen
wäre, selbst in der Teeküche nach Süßem zu suchen.

Viele Frauen in Führungspositionen dürften eine solche Aufforderung
schon erlebt haben, ob Keks, Kaffee oder mal schnell zum Kopierer gehen, die Wege und Gesten kennen oft keine Hierarchien. Wenn man wie
ich in einer Männerwelt unterwegs ist, härtet man definitiv ab. Kaffee
kochen ist kein Klischee, sondern ein ganz typisches Ding. Hier mit der
großen feministischen Haltung auf den Putz zu hauen, ist bestimmt die

falsche Reaktion. Ich jedenfalls fahre gut mit einer authentischen Souveränität und einer Prise Ironie im richtigen Moment. Das wirkt und holt die Männer auf den Boden zurück.

Als ich in einem Konzern mit weltweit über 100.000 Mitarbeitern begann, wurde mir von meinem Vorgesetzten am ersten Tag gesagt, ich solle bloß nie Kaffee einschenken. Unfassbar fand ich das. Frauen hätten danach mit Autoritätsverlust zu kämpfen, hieß es. Ich tat es trotzdem, denn bei dieser höflichen Handreichung breche ich mir schließlich keinen Zacken aus der Krone. Gleichwohl spürte ich die Folgen, man ist nämlich auch rasch diejenige, die das Protokoll schreibt, worauf keiner scharf ist. Ich sah es entspannt, als Juristin ging mir das Protokoll immer leicht von der Hand, und rein kam am Ende das, was ich wollte.

Nach dem Abitur wollte ich eigentlich Modedesign studieren, was meine Eltern sehr gefreut hätte. Die Arbeit mit Nadel und Faden liegt uns im Blut, mein Großvater war Herrenschneider auf dem Dorf gewesen und immer stolz darauf, seine Maßanzüge an den adligen Bewohnern des nahen Landschlosses zu sehen. Meine Mutter liebäugelte Anfang der 60er Jahre mit einer Lehre bei einem bekannten französischen Modelabel, doch als ich mich ankündigte, rückte ihr Traum in unerreichbare Ferne. Später schaffte sie es, eine Boutique mit eigenen Entwürfen zu eröffnen. Das lief auch lange sehr gut. Ungewöhnliche Farbzusammenstellungen waren ihr Markenzeichen.

Als Kind nähte ich Puppenkleider und bestand seit ich in die Schule ging auf roten Schuhen. Immer. Damit fiel ich natürlich auf und zog mir nicht selten den Spott meiner Mitschüler zu. Diesen Schuhspleen habe ich bis heute nicht abgelegt, so an die 300 Paar Schuhe dürften in meinem Schrank stehen. Die Lust auf ein Jurastudium kam erst in meinem Jahr in Boston, wo ich mit dem Abitur in der Tasche als Au-pair die Kinder fremder Leute hütete. Das amerikanische Ehepaar war berufstätig, er Richter, sie Staatsanwältin. Beide Power-Typen, sehr ehrgeizig und belesen. Das imponierte mir. Das Paar hatte deutsche Wurzeln und die Kinder sollten mit der Sprache vertraut werden. Selbst am Esstisch diskutierte das Paar juristische Sachverhalte, ungemein klug und pointiert. So wurde ich mit dem Jura-Virus infiziert. Nach meiner Rückkehr nach Deutschland begann ich ein Studium, das ich mit Auszeichnung abschloss.

Auch hier mit tollen Schuhen unterwegs

Mit den schönsten Schuhen ging ich in die Vorlesungen und mit eben solchen trat ich meinen ersten Job in der Rechtsabteilung eines Konzerns an. Bald war ich bekannt wie der sprichwörtliche bunte Hund. Mit großem Selbstbewusstsein wählte ich trendige Kleider und wagte mich an modische Farbzusammenstellungen. Nie überspannte ich den Bogen, in dem ich beste Stoffe und Schnitte wählte, die genau zu meinem Stil passten. Auch die steifen Kostüme, die ich während eines mehrmonatigen Aufenthalts in der US-Zentrale trug, um der dortigen Büro-Etikette gerecht zu werden, ließ ich maßschneidern. „Lieber wenige Stücke in exzellenter Qualität als die Schränke voller Ramsch", ehrte ich das Credo meines Großvaters. Wegen meiner Vorliebe für edles Leder wurde ich oft von den wenigen Kolleginnen angefeindet. Ausgerechnet von Frauen! Wildlederstiefel und Lederhosen im Büro waren für sie erstaunlicherweise ein rotes Tuch. Ihre spitzen Bemerkungen und heuchlerischen Ratschläge parierte ich wie schon in der Schulzeit – mit sachlicher Argumentation und Gelassenheit. Welches Gesetz verbindet Leder im Büro? Geschadet hat mir mein ungewöhnlicher Stil im Job nicht – solange die Leistung stimmt, hört man gewöhnlich keine Kritik von den Entscheidern über dir. Zu aufreizend, dieses Argument lieferte ich zu keiner Zeit. Hochgeschlossen kann auch sehr ansprechend sein. Der Schnitt muss stimmen. Nach meiner Erfahrung gehen die meisten Männer lässiger damit um, wenn der Kleidungsstil einer Frau etwas aus der Reihe tanzt. Das kann ich an einigen Erlebnissen festmachen, am witzigsten war wohl die Geschichte mit dem geschenkten Overall.

Wie ich einen Overall geschenkt bekam

Tätig in der Rechtsabteilung meines ersten Arbeitgebers, musste ich eines Tages auf eine riesige Baustelle, ließ aber außer Acht, dass es in den Vortagen heftig geregnet hatte. Der Bauherr des Büroturms hatte finale Fragen zur Verkehrssicherheitspflicht und erwartete mich zum Gespräch vor Ort. Die Baustelle, man kann es sich vorstellen, war nicht gemacht für Bürokleidung. Hinzu kam, dass weite Teile der Zufahrt verschlammt und einige Areale in den oberen Stockwerken nur über Leitern zu erreichen waren. Da stand ich nun im Rock aus feinstem Ziegenleder und Pumps. Ich war einfach vollkommen falsch angezogen. Wie in jener Hollywood-Komödie, in der eine Business-Lady aus der Großstadt im Dschungel landet und sich als erstes Schuhabsatz und den künstlichen Fingernagel abbricht, kam ich mir vor. Und wie sich im Film die Lady als Tough Cookie entpuppt, nahm ich den Aufstieg über eine Leiter in Angriff. Die Schuhe waren ohnehin ruiniert.

Auf halbem Weg hielt mich der Projektleiter des Bauherrn zurück, erstaunt über meine Courage und gleichzeitig besorgt um meine Sicherheit. Er bat mich anzuhalten, da er mir schnell einen Overall besorgen wolle, der mir die Begehung erleichtern würde. Und tatsächlich dauerte es nur wenige Minuten bis er in einem der Baucontainer einen Anzug auftrieb und mir in die Hand drückte. Obwohl viel zu groß, gemacht für einen 2-Meter-Mann, schlüpfte ich hinein. Das Problem blieben die Arbeitsschutzschuhe, eigentlich Pflicht auf einer Baustelle. Nur gab es die klobigen Dinger nicht in meiner Größe. Egal, im Männer-Overall und mit viel zu großen Schuhen ging es nach oben. Als ich später wieder Richtung Auto lief, drückte ich einem Arbeiter den ziemlich schmutzigen Anzug in die Hand und bedankte mich beim Projektleiter.

Der Clou kam zwei Wochen später. Der Bauherr schickte mir ins Büro einen nagelneuen Arbeits-Overall in Frauengröße mit meinen Initialen. „Hoch oben geschützt", hieß es auf der kleinen Grußkarte, die beilag. Im Rückblick spiegelt dieser Leitergang genau meine Einstellung im Job: erstens, eine Frau muss sich zu helfen wissen, und zweites, man darf auch mal Hilfe annehmen.

Als man mir den Aufbau einer Compliance-Abteilung anvertraute

Nachdem ich einige Jahre in juristischen Stabsfunktionen im Konzern tätig war, bekam ich den Aufbau einer Compliance-Abteilung anvertraut. Das geschah genau im richtigen Moment. Denn ich war auf dem Sprung das Unternehmen zu verlassen, weit und breit sah ich keine großen Entwicklungsmöglichkeiten. Alle spannenden juristischen Positionen waren besetzt und eine mittelfristige Änderung dessen kündigte sich nicht an. Als Konsequenz hielt ich nach anderen Herausforderungen Ausschau. Das überraschende Angebot von Konzernseite reizte mich sehr, hier warteten weitere Chancen auf mich: einerseits konnte ich einer Abteilung meinen Stempel aufdrücken, andererseits gab es für mich als Gesellschaftsrechtlerin ein neues Feld zu beackern und in der Folge würde ich beweisen, dass eine Juristin mehr kann als nur Jura. Vorgegeben waren nur wenige Strukturen, eine grüne Wiese schien quasi vor mir zu liegen. Der Pferdefuß an der Sache zeigte sich allerdings auch schnell. Ich bekam eine zusammengewürfelte Mannschaft aufs Auge gedrückt, nur Männer, die meisten über 50, und kein einziger war für die neue Funktion ausgebildet. Bei den Älteren spürte ich eine gewisse Ermüdung, einige hatten keine rechte Lust auf das neue Team und hofften lediglich ihre Jahre bis zur Altersteilzeit noch einigermaßen sicher über die Bühne zu bekommen.

Kurz und hart, ich hatte einen Elefantenfriedhof übernommen. Ein Haufen älterer Haudegen und einen Spritzer junges Blut, das auch in meinen Adern floss. Zu allem Überfluss wuchs das Team international an und Kollegen aus arabischen Ländern machten es uns mit ihren Sprachproblemen schwer. Konzernsprache war Englisch, was diese Kollegen zwar beherrschten, allerdings mit so einem starken Akzent, dass wir, um Missverständnisse zu vermeiden, Dolmetscher hinzuziehen mussten. Für beide Seiten war das unangenehm, letztlich aber sehr hilfreich, um das Team voranzubringen.

Zuerst Katastrophe – dann ein echtes Geschenk

Was sich als Katastrophe anbahnte, entpuppte sich als eine der spannendsten Aufgaben, die ich je hatte. Zunächst lernte ich die Feinheiten der komplexen Compliance Regularien kennen, ein zentraler wie gefürchteter Bereich, der bekanntermaßen viel mit Risikominimierung und Kontrolle zu tun hat. Compliance lässt sich gut mit einer Black Box im Flugzeug vergleichen, hier laufen sehr viele Informationen aus dem Konzern zusammen und umgekehrt greift man in alle Unternehmensbereiche direkt ein.

223

Die neue Aufgabe war für mich ein echtes Geschenk, wie in keinem anderen Bereich konnte ich juristische Regeltreue mit Themen wie Wirtschaftsethik und verantwortungsvoller Unternehmensführung sowie dem sensiblen Faktor Mensch verbinden. Ich durfte überall mitmischen, gestärkt auch durch den absoluten Rückhalt bei meinem Vorgesetzten, der mir mehrfach schriftlich versicherte, dass ich für interne Untersuchungen und Beurteilungen rückhaltlosen Support erhalte. Eine hervorragende Grundlage, aber ein deutlich müdes Team, das so schnell wie möglich aufzuwecken, meine größte Herausforderung darstellte. Als Complianceleiterin hatte ich auch direkten Zugang zum Aufsichtsrat und bekam viele wertvolle Einblicke.

Es menschelte und knirschte an jeder Ecke des Teams. Alte Hasen und junge Hüpfer, dazu das hemmende Sprachproblem. Von Teamgeist keine Spur, wie auch, die Älteren sahen darin eine Art bequemere Endstation ihrer Karriere. Um das Ruder umzureißen, versuchte ich die Stärken der Einzelnen hervorzulocken. Die Altgedienten kannten selbstverständlich den Konzern und dessen Kultur in und auswendig, außerdem schauten die meisten auf verlässliche interne Netzwerke, obwohl sie diese nicht mehr strategisch nutzten. Die Jüngeren besaßen mehr Biss und waren noch am ehesten zu motivieren.

Das klassische Team Building stieß bald an seine Grenzen. Ohne es mir konkret vorgenommen zu haben, lebte ich dem Team die Relevanz des persönlichen Kontakts vor, indem ich den Großteil meines Reisebudgets darauf verwendete, mein Gesicht zu zeigen und so alle Teammitglieder über die üblichen zweitägigen Meetings hinaus kennenzulernen. Ein mühsamer Weg, der sich jedoch auszahlte. Wenn ich mich allein oder mit Kollegen an Standorten im Ausland aufhielt, achtete ich sehr darauf, nicht nur die räumlichen Ebenen der oberen Entscheider und das Gäste-Casino zu sehen, sondern mich auch mal in der Produktion und in den Lagern blicken zu lassen und dort die Arbeitsabläufe und Menschen kennenzulernen. Gerade durch diesen persönlichen Kontakt an den Standorten, entstand bei mir die Idee einer internen Coaching-Hotline für den Bereich Compliance. Entstehen sollte eine Anlaufstelle, wo die Kollegen nicht als vermeintlich lästigen Kostenträger, sondern als Menschen mit ernsthaften Anliegen gesehen wurden.

Der Compliance Bereich ist vor allem aus psychologischer Sicht hoch-komplex und sehr sensibel und kann berufliche Freundschaften empfind-lich berühren. Da ist etwa ein Kollege, denn man schon lange kennt, von einer Untersuchung betroffen oder man muss Regelverletzungen mel-den, was für den Betroffenen nachteilige Konsequenzen nach sich zieht. Hatte einer Geschenke angenommen oder wurde Korruption billigend in Kauf genommen? Ein Kontrollinstrument wie Compliance ist mit der Macht ausgestattet, Karrieren zu bremsen oder gar zu zerstören. Ethi-sches Handeln und Rechtmäßigkeit sind dabei elementare Werte, die von Unternehmensspitze und natürlich ebenso von den Compliance-Beauf-tragten vorgelebt werden sollten. Die Belegschaft orientiert sich daran.

Unsere Hotline erwies sich als großer Erfolg, fast wöchentlich wurde sie frequentiert. Erfolgreich vor allem deshalb, da sie viel für das ver-trauensvolle Wir-Gefühl tat. Mein Team wuchs langsam zusammen, wir verstanden uns als Compliance Botschafter mit einem bestimmten Wer-tesystem und mit dem Anliegen, Mitarbeiter zu sensibilisieren und so für diese Sicherheit zu schaffen, und nicht als Kontrollfreaks.

Ich hatte das Schiff sicher in den Hafen gebracht und ein faules Ei hatte im Nest gelegen

Trotz personeller Wechsel blieb die Gruppe selbst nach meinem Weg-gang aus dem Konzern intakt, die Basis dafür hatte ich geschaffen. Ru-higen Gewissens wechselte ich in einen anderen Konzern, wo neue He-rausforderungen auf mich warteten. Ich hatte das Schiff sicher in den Hafen gebracht, jetzt standen neue, noch fernere Fahrten an.

Im Ganzen dauerte der Aufbau der Compliance-Abteilung rund fünf Jahre, manches braucht seine Zeit, Vertrauen entsteht nicht von heute auf morgen. Rückschläge müssen sorgfältig verarbeitet werden, dazu zählte auch ein Gerichtsprozess. Nicht nur die damit verbundene Medi-enpräsenz warf das Team um einige Zeit zurück. Ein faules Ei hatte im Nest gelegen und der ganze Hühnerstall litt darunter, um ein plastisches Bild zu nehmen. Eine Managerin hatte interne Papiere mit nach Hause genom-men. Ob zum Arbeiten oder zum Weiterleiten an Dritte, war zu klären. Eine unangenehme Sache, denn die Kollegin schätzte ich an sich sehr.

Als einzige Frau im Team und noch dazu als dessen Kopf hatte ich nie Autoritätsprobleme, und das, obwohl ich anderen ab und zu den Kaffee einschenkte. Für das Kochen des Wachmachers war unser Sekretariat zuständig, das, wie in den meisten Unternehmen üblich, weiblich besetzt war. Wird sich das je ändern? In naher Zukunft nicht.

Als Frau an der Spitze, ist man manchmal sehr einsam.
Ich bin sicher, dass mir in stressigen Situationen mein Humor zur Seite stand. Ich bin ein sonniges Gemüt, sehe die Sonne vor dem Regen. Das erkannte schon mein Großvater als ich um seine große Nähmaschine herumsprang und davon träumte, einmal die Laufstege mit meinen Entwürfen zu bevölkern. Das ist eben meine quirlige Natur, lachen und anderen ein Lächeln abzuringen. „Die Mutter der Kompanie", sagte man früher dazu, und meint damit eine tüchtige Frau, die alles zusammenhält. Oft hörte ich von meinen Compliance-Kollegen: „Wenn du im Raum bist oder anrufst, ist es gleich heiterer." Mit der Zeit merkte ich, dass die anderen mehr lachten als ich. Für mich war kein Lachen mehr übrig, glaubte ich. Ein typisches Problem jeder Führungskraft: Man ist manchmal sehr einsam. Und als Frau an der Spitze ist man es doppelt.

Mein Mann wollte eine Frau, die sich kümmert
In ruhigen Minuten klopften Ängste an meiner Tür. Frisch geschieden, sicher ein Preis für mein Nonstop-Engagement im Job. Mein Mann fühlte sich vernachlässigt und wünschte sich eine Frau, die sich „kümmert", vor allem um ihn. Gleichzeitig war er stolz auf meine steile Karriere und stellte mich gern bei Festen als seine starke Partnerin vor.

Der Mann, den ich liebte, war zerrissen. Beides konnte er nicht haben oder aushalten. Er wolle sich neu erfinden, überraschte er mich kurz nach einer Urlaubsreise. Eine Woche später war er weg, das war schon von längerer Hand geplant. Seine neue Freundin soll gut kochen können, hörte ich von gemeinsamen Bekannten.

Wer die Grenzen erkennt und in ihnen sein Glück,
der kann es auch halten sein Leben lang;
wen aber das Irrlicht seines Verlangens weitertreibt
vom einen immer zum nächsten,
der stürzt am Ende – ins Nichts.
Eljâs ebn-e Jussef Nizâmî

Zog mein Körper die Reißleine?

Kein Job ist für immer

To cut it short: Ich wurde krank. Zog mein Körper die Reißleine, bezahlte ich für den Raubbau an meinem Körper, und war es eine üble Laune der Natur? Krebs. Wie ihn tausende Frauen haben. Noch bevor der medizinische Apparat ansprang und mich über Monate an die Grenzen der Belastbarkeit bringen sollte, machten wir in meiner Abteilung Nägel mit Köpfen. Mit drei Köpfen, um genau zu sein. Dass ich zurückkomme, wusste ich. Ganz tief in mir drin. Bis ich wieder einsatzfähig war – es wurden am Ende acht Monate – vertrat mich ein „Triumvirat" aus drei engen Kollegen. Ich hatte die Männer angesprochen und sie waren sofort bereit, die Stellung zu halten und das Team in meinem Sinne weiterzuführen. Neue Ideen waren willkommen, ich freute mich über die Dynamik, die das Interim für die drei und das gesamte Team versprach.

Was mich sehr überraschte, war einer meiner Vorgesetzten, den ich als machtbewussten und launischen Menschen nicht gerade mochte. Seine Sicht auf die Dinge war grundsätzlich negativ, ein echter Bedenkenträger und ein Schuh in der Tür. Der Umgang mit ihm gestaltete sich immer anstrengend, mein heiteres Wesen schien eine Provokation für ihn. Allerdings war er der erste, der meinem Vorschlag ein Triumvirat bis zu meiner Rückkehr zu bilden, zustimmte und half, diesen beim Vorstand durchzuboxen. Der Vorstand wollte sich zunächst nur auf eine Person festlegen, man fürchtete, eine Dreiheit könne ein zu hohes Konfliktpotential bergen. An meinem letzten Tag vor der Pause wünschte dieser Vorgesetzte mir in einem Vier-Augen-Gespräch alles Gute und sprach die Hoffnung aus, mich bald wieder im Unternehmen zu sehen. Seine Frau hätte diese Krankheit auch gut überstanden, verriet er. Da steckte hinter dem unangenehmen Brocken also tatsächlich ein mitfühlender Mensch, vielleicht war sein Panzer nur Schutz, wer weiß. Denn nach meiner Rückkehr war er unverändert, abweisend und schwierig. Aber mir hatte er einen Spalt weit sein privates Gesicht gezeigt, was ich ihm hoch anrechne.

Als ich wieder zurückkam

Kurz nach meinem 50. Geburtstag saß ich wieder am Schreibtisch und telefonierte mich zurück in den Berufsalltag. Wie gut das tat. Die Arbeit ist mir immer wichtig gewesen, ich bin ein Mensch, der Strukturen braucht und Erfolge sehen muss. Auch damals war die Arbeit wichtig, vielleicht noch wichtiger, da sie mich ablenkte und meinen Ängsten, dass der Krebs wiederkommt, eine Weile keinen Raum gab. Die Krankheit hatte aber den Zeigefinger gehoben, mich ermahnt, mir mehr Freiräume zu schaffen. Ich fing mit dem Golf spielen an, kultivierte mein Talent auf dem Tennisplatz und freute mich, einen jungen Hund an meiner Seite zu haben. Mehr Bewegung und viel Natur, schrieb ich mir auf die Fahne. Meine Abteilung lief wie am Schnürchen und es wäre mir ganz recht gewesen, das Triumvirat weiter so beizubehalten, quasi als ergänzende Leitung. Leider ging das aus verschiedenen Gründen nicht. Die Leitung lag also wieder komplett in meinen Händen. An sich kein Problem, aber die kreative Dreiheit hatte ich liebgewonnen und sie brachte auch nachweislich Vorteile für den Compliance Bereich im Konzern.

Durch die schwere Zeit der Erkrankung hatte ich mich verändert. Ich sah viele Dinge mit anderen Augen und sah plötzlich im Konzern Themen, die ich schlecht fand, die mir vorher nie aufgefallen waren. Ich schaute wie ein Neuling auf mein langjähriges Unternehmen und stellte fest: Ich passte da nicht mehr hin. Das kam nicht über Nacht, sondern ich brauchte eine Weile, um das zu realisieren. Schließlich liebte ich früher meine Arbeit sehr und war stolz für diesen Konzern zu arbeiten. Anfänglich dachte ich, dass die Firma sich in meiner Abwesenheit verändert hatte, aber natürlich war ich es, die verändert war.

Gut zwei Jahre nach meiner Krankheit war der Entschluss gereift, ich wechselte in einen anderen Konzern und hielt dort die Nase in einen raueren Wind. Kein Job ist wohl für immer.

Es gibt zwei Möglichkeiten, Karriere zu machen:
Entweder leistet man wirklich etwas, oder man behauptet,
etwas zu leisten.
Ich rate zur ersten Methode, denn hier ist die Konkurrenz
bei weitem nicht so groß.
Danny Kaye

Männer trafen geheime Absprachen auf der Toilette

Love it, change it or leave it

Der neue Job fühlte sich sehr gut an. Der Wechsel in eine andere Branche war extrem spannend und ich voller Energie. Mein Chef bescheinigte mir große Autonomie und übertrug mir eine herausfordernde Aufgabe. Natürlich traf ich auf eine Männerwelt, eine Ebene unter dem Vorstand war das nun mal so. Doch diesmal hatte das Team bereits einen Zusammenhalt, der auf einer höchst kuriosen Methode fußte. Hätte ich es nicht selbst erlebt, würde ich es nicht glauben. Die Männer trafen geheime Absprachen auf der Toilette. Stand im Meeting eine wichtige Entscheidung an, verließen die Herren, einer nach dem anderen, mit den fadenscheinigsten Entschuldigungen den Raum. Mal dringend privat telefonieren, mal ganz schnell auf Toilette. Wer wollte das erwachsenen Menschen verbieten? Saßen dann diese Männer wieder zusammen, waren sie einer Meinung oder überstimmten die anderen. Die Methode war filmreif und leicht zu durchschauen. Einmal verließ ich ebenso den Raum und folgte einem der Männer. Dieser verschwand in der Herrentoilette. So weit, so in Ordnung. Doch dann tauchten nach und nach die anderen Männer auf und verschwanden ebenso in der Toilette. Geräumig genug war sie ja, um ein diskretes Schattenmeeting zu ermöglichen.

Ich kochte vor Wut. Wie konnte ich diese Farce aushebeln? Die Toilette zu verschließen, war natürlich keine gangbare Option. Offenbar prakti-

233

zierte man seit langem diese „Sitzungen", so selbstverständlich wie der Männerbund agierte. Entweder war mein Vorgänger mit von der Partie gewesen oder hatte resigniert. Unisex-WCs müssen her, kam mir die Idee. Mit einem Mal wäre das Problem aus der Welt gewesen. Ich zettelte eine Klo-Revolution an – und stach in ein Wespennest. Die Klo-Buddys sahen natürlich nicht die Notwendigkeit ein und brachten die absurdesten Gegenargumente ins Feld. Mein Vorschlag schlug hohe Wellen, selbst der Betriebsrat befasste sich mit dem Für und Wider von Urinalen in abgetrennten Kabinen. Um jeden Kachelzentimeter wurde gekämpft. Am Ende konnte ich mich nicht durchsetzen, die Herrentoilette blieb wie sie war. Leider fehlte mir hier auch der Rückhalt der weiblichen Belegschaft. Zu fremd ist vielen Frauen noch der Gedanke, neben sich auf der Toilette einen Kollegen zu wissen.

Wie ich dem Schattenkabinett den Zahn zog
Doch dem Schattenkabinett zog ich den Zahn, indem ich feste Pausen bei den Meetings einrichtete: mehrere Fünfminüter für die Herren mit den besonders schwachen Blasen. In den Sanitärräumen dudelte fortan auf meinen Vorschlag hin Fahrstuhlmusik und ein neuer, extrem künstlerischer Aprikosenduft machte den Aufenthalt nicht eben lauschiger. Seltsam, gegen die Nerv tötende Dauerberieslung und den süß-penetranten Geruch hatte außer dem „Männerbund" keiner etwas.

Manchmal glaubte ich, einer Schulklasse beim Spicken zuzusehen
Doch wo ein Wille zur Absprache, da ein Weg. Die Herren suchten sich andere Möglichkeiten, auch über das Smartphone, das unter dem Tisch bedient wurde. Manchmal glaubte ich, einer Schulklasse beim Spicken zuzusehen. Sollte ich Störsender im Meetingraum installieren lassen, langsam wurde es wirklich albern und auch meine Überlegungen schossen ins Kraut. Ganz ließen sich die Absprachen nicht unterbinden, doch sie waren zumindest vor Ort verdammt schwierig geworden. Immerhin ein Teilerfolg für mich. Die Klügelei schmerzte mich, da sie gegen mein hohes moralisches Wertesystem sprach. Im Grunde hätte hier nur der komplette Austausch des Teams geholfen.

Männer hoben sich in Positionen

Die Sache war verfahren, das Kabinett hatte sich in einer Art Lebensbund-prinzip verschworen, man blieb in Kontakt und hob sich in neue Positionen. Eine zutiefst toxische Situation, die dem ganzen Konzern schadete. Als Einzelner war dagegen nichts auszurichten und auch vom Vorstand bekam ich keine echte Unterstützung, obwohl diesem die faulen Manöver bekannt waren. Ich kam so nicht weiter, da war eine zu hohe Mauer.

Manchmal muss man gehen, um sich nicht zu entfernen

Manchmal muss man gehen, um sich nicht zu entfernen. Von sich, von seinen Idealen. Ich kündigte. Ein Erdbeben für mich, denn ich war mit so viel Enthusiasmus angetreten. Einige Wochen blieb ich für mich, ging in Klausur und gönnte mir eine Ayurveda-Kur auf Sri Lanka. „Man sollte viel mehr Zeit mit Glücklich sein verbringen", sagte mir die thailändische Masseurin während sie meinen Körper sanft durchwalkte. Wieder in Deutschland regten sich meine Lebensgeister und ich stürzte mich in den Bewerbungsprozess. Es dauerte nicht lange und ich hielt einen neuen Arbeitsvertrag in der Hand. Ich bin jetzt sechs Jahre hier und liebe meine Arbeit. Love it, change it or leave it stimmt halt doch.

Herrschen ist Unsinn, aber regieren ist Weisheit.

Man herrscht also, weil man nicht regieren kann.

Johann Gottfried Seume

Fremde Tropfen verseuchten das Blut des Unternehmens

Freiheit gab es nun noch im Reich der Träume

Ich arbeitete als Kreativ-Direktorin in einem inhabergeführten Unternehmen der Sportindustrie, das unter verschiedenen Markennamen weltweit tätig war. Vor allem in Asien sind unsere Marken stark und jeder kennt sie dort.

Das Unternehmen galt als unsinkbar. Dennoch sollte das Undenkbare in der langjährigen Firmengeschichte des Unternehmens eintreten und der Erfolgskurs ein jähes Ende finden.

Ich stieg in der Rushhour meines Lebens ein. Damals war ich 31 Jahre alt und meine Karriere gewann an Fahrt. Um erfolgreich zu sein und das entsprechende Einfühlungsvermögen zu entwickeln, musste ich zuerst noch einiges lernen, auch wie man so ein Unternehmen führt, wie die entsprechenden Produkte platziert werden und wie man den ständig wechselnden Ansprüchen der Verbraucher gerecht wird.

Anfangs hatte ich zuweilen eine Sprachbarriere mit dem Kölner Dialekt. Irgendwann gewöhnte ich mich auch daran. Insgesamt gibt es ja hier im Umkreis einige Dialekte. Für Köln hat man sich nicht so viel Mühe gemacht. Alles ist ähnlich gefärbt.

Wir agierten weltweit. Und meine vielen Reisen führten mich nach Indien, China oder in die Türkei. Ich arbeitete im Bereich der Produktentwicklung. Das hieß, ich war mit der Kreation von neuen Kollektionen, vor allem von Sportschuhen beschäftigt. Einige Monate verbrachte ich auch in Amerika.

Die Stimmung war gut. Die Zahlen waren gut. Ebenso das Gefühl, es könnte immer so weitergehen. Doch auch in einem traditionellen Unternehmen kann es schnell passieren, dass Risiken unterschätzt werden. Der Geist der Zeit verlangte immer mehr Schnelligkeit, Verbraucher wurden immer satter und Produkte mussten stetig neu erfunden werden. Die Entwicklungszeiträume verkürzten sich beständig.

Fuß- und modestark lernte ich meinen Mentor kennen
Ich muss gestehen, ich war überrascht, als ich meinen Mentor, Frank Funken, kennenlernte. Ein großer stattlicher Mann mit einem enorm stattlichen Kopf, der von einer urigen grauen Lockenmähne nur so umrandet wurde. Charismatisch wirkte seine Gesichtsstruktur. Früher musste er ein ausgesprochen gutaussehender Mann gewesen sein. Und er sah immer noch gut aus. Charmant erzählend, lernte ich ihn in einer Podiumsdiskussion mit einigen Kreativen der Branche kennen.

Wie immer saß ich in der ersten Reihe. Das war mein beständiges Muss: Ganz vorne in der ersten Reihe. Hier bekam ich alles mit und zeigte von Anfang an Präsenz. Mein Look an diesem Tag wirkte ausgesprochen auffallend. Aber ich wollte auch auffallen und zog einen mutigen Look aus meinem Kleiderschrank voller Stilbrüche – dennoch stimmig. Ich schwebte nur so im Wohlfühl- und Auffallen-Look ins Hauptquartier des Unternehmens. Schließlich waren wir Kreative! Darüber hinaus machte es mir Spaß, immer wieder neue Fashionvarianten mit den entsprechenden Farben, Taschen und Schuhen zu kombinieren. Meine Leidenschaft, die ich bis heute wahrnehme. Na gut, ich musste schließlich die Vorzeigefrau in Sachen Fashion sein. Mutig genug, um neue sportliche Trends zu präsentieren und zu setzen. Ständige Ideen gehörten dazu: Wie konnte ich Mode präsentieren? Wie konnte ich Mode und Sportartikel emotionalisieren? Man kann sicherlich auch sagen, dass die Branche sich auch gehörig selbst feierte und die Kreativchefs wurden wie Götter verehrt.

Frank Funken diskutierte mit Nonchalence, ein Salonlöwe und Intellektueller wie er im Buche stand. Seine Worte waren bestückt mit philosophischen Weisheiten. Ich klebte nur so an seinen Worten. Manchmal erschien es mir, dass er soweit abdriftete, als wäre niemand mehr im Raum. Aber alle hörten ihm gebannt zu.

Er selbst hatte mich eingeladen. Anschließend zeigte er mir die gesamten Abteilungen. Mit enormer Begeisterung erzählte mir Funken wie kreative Produktwelten entstanden. Und er führte mich in leidenschaftliche Welten, die ich so noch nie erlebt hatte. Ich lernte von ihm alles. Er zeigte mir, wie ich nachhaltige Kreativität entwickeln konnte und wie die Geburt greifbaren Momentums entstand. Für ihn entstand Momentum jenseits vom Gewohnten, Gesicherten und Alltäglichen. Ich fühlte mich groß und stand in der Sonne dieses Genies.

Wie mein Mentor mich beim Aufstieg unterstützte
Funken unterstützte mich in all den Jahren bei meinem Aufstieg. Jederzeit konnte ich ihn anrufen, ihn treffen und meine Probleme oder neue Strategien mit ihm besprechen.

Wiederholend sagte er anfangs zu mir: „Kreativität für die Entstehung von neuen Kollektionen sitzt zu gleichen Teilen im Kopf und ebenso im Herzen. Sie wird vom Verstand als auch von den Gefühlen geprägt. Wenn du kein Interesse an der Sache hast, dürfte es dir auch schwerfallen, deine Kreativität für ideale Kollektionen zu mobilisieren. Schau auf dich: Was begeistert dich? Was lässt deine Augen leuchten? Wofür brennst du?" Ich antwortete „Natürlich für die Kreation von sportiver Fashion."

„Dann lebe es. Lerne von und aus dir. Kreativität kommt dann von ganz alleine." Er hatte einen ungewöhnlichen Menschenverstand, der nur so vor Weisheit triefte.

Mit seinen Weisheiten blühte ich auf, entwickelte mich und erlebte meine schönste Zeit in diesem Unternehmen. Das gesamte Unternehmen befand sich im Wachstum. Immer wieder haben wir viel Anerkennung für die Marke bekommen. Aber ich sollte lernen, dass sich auch Anerkennung schnell in Erkennung verschieben kann. In unserer Branche wurde man schnell vom Hero zum Zero und umgekehrt.

Als sich das Blatt wendete und Fairness, Moral und Werte verbrannten
Eines Tages wendete sich schlagartig das Blatt.

Ich war mittlerweile Kreativ Direktorin und hatte meinen Mentor beerbt. Eine Sondersitzung wurde von dem Inhaber des Unternehmens, Matthias von Rohr, einberufen.

Es musste irgendetwas passiert sein. Was wollte er uns sagen? In der letzten Zeit zeigte er sich nur noch selten. Früher war er ein Allrounder. Mit seiner Expertise entwickelte er das Unternehmen stetig weiter. Von Rohr wirkte ebenso wie wir alle – wie ein Kreativer. Manchmal kam er ziemlich fein in einem schicken Designer-Anzug daher, manchmal wirkte er wie ein cooler und modebewusster Fotograf. Er lebte ebenso das Momentum. Unerschöpfliche Kreativität war sein Schlüssel zu neuen Erfindungswelten. Ob in der Fotografie oder im Zeichnen: Er lebte in endlosen Ausdrucksformen und Geschmacksrichtungen auf, und das machte seine Leidenschaft für die Entwicklung neuer Mode-Marken oder neuer Kollektionen aus.

Was ich am meisten an ihm mochte, war, dass er Vertrauen zu uns hatte. Alle konnten wir frei und beflügelt agieren. Fehler und Probleme wurden mit gelebter Vertrauenskultur offen angesprochen und diskutiert. Das war auch die grundlegende Voraussetzung, dass wir alle über uns hinauswachsen konnten. Denn der Ausbruch von wahrer Kreativität lebt von Freiheit und Vertrauen, in unserer Branche eine absolute Seltenheit.

Aber auch die Kunden vertrauten uns. Er betonte immer wieder: „Ein Kunde, der seinen Partnern misstraut, bringt ein Verlustgeschäft mit sich. Dann wird auch mehr dokumentiert und erklärt, als letztlich notwendig ist."

Frei handelte er nach der Devise: Vertrauen schafft Geschwindigkeit in jeder Zusammenarbeit. Misstrauen bremst aus, weil es mit übertriebener Kontrolle einhergeht. Deshalb lebte Herr von Rohr Vertrauen in sämtliche schöpferische Richtungen. Das machte seinen Erfolg aus.

Problematisch zeigte sich allerdings in den letzten Jahren, die ständige Anpassung an Schnelligkeit und Digitalisierung. Er kam sehr schwer in dieser neuen Welt zurecht. Wir waren getrieben von unaufhörlicher Anpassung und verlagerten unsere Ziele auf Anpassung. Und die Unbilden der Zeit vereinnahmten unsere Entwicklung, was sich nicht förderlich für die Weiterentwicklung der Marke auswirkte.

Die außerordentliche Sitzung

Wir hörten manchmal nicht, was von draußen hereinkam. Umso mehr wurden wir überrascht, als von Rohr eine außerordentliche Sitzung einberaumte.

Mit den anderen Vorstandsmitgliedern saßen wir am Konferenztisch und warteten auf von Rohr. Warum ließ er uns so lange warten? Niemand wusste etwas. Bis dato waren wir immer ein Top-Team im Vorstand und sprachen mit einer Stimme. Auch wenn ich mich im Vorstand in einer Männerwelt befand, war alles so organisiert, dass alles bestens funktionierte. Ich fühlte mich wohl in dieser Männertruppe.

Blass und transparent wirkte von Rohr, als er endlich kam. Sein Stellvertreter begleitete ihn.

Er wirkte äußerst leger an diesem Tag, so als hätte er die ganze Nacht nicht geschlafen. Jeans, Turnschuhe, dazu ein schwarzes Hemd. Der Raum wurde von einer Stimmung überflutet, die einer Beerdigung gleichkam. Obwohl noch kein Wort gesprochen wurde, verschlug es uns schon im Vorfeld den Atem.

Als eine Investmentgesellschaft engagiert wurde

Von Rohr begrüßte jeden per Handschlag. Um die Atmosphäre aufzulockern, nahmen wir uns erst einmal etwas zu trinken. Dann atmete er laut und tief, ziemlich tragisch, durch. So, als wäre er im Herzen gebrochen. „Liebe Kollegen, es fällt mir schwer, hier heute vor Ihnen zu stehen. Ich muss Ihnen mitteilen, dass ich die Marke verkaufen werde. Gestern habe ich eine große Investmentgesellschaft engagiert, die sich um alles kümmern wird. Das heißt, entweder findet sich ein Investor, gehen an die Börse oder wir verkaufen die Marke." Es schien, als müsste er aus kleinsten Winden Kraft schöpfen, um mit kraftlosen Flügeln den Horizont doch noch zu überqueren.

Schweigeminute. Und noch eine Schweigeminute. Tränen. Alle waren wir geschockt. Das Unternehmen war sein Leben. Niemand wusste irgendetwas zu antworten. Was sollte man auch in diesem Moment sagen? Sein Stellvertreter brach das Schweigen. „Manchmal ist ein Schrecken mit Ende – besser als gar kein Ende! Die Entscheidung fiel uns sehr schwer –

aber wir werden alles tun, um die besten Lösungen zu finden." Beide erhoben sich, verließen den Sitzungsraum. Betrübt ließen sie uns zurück.

Als Mister Unsicherheit die Führung übernahm

Starke Verlustgefühle machten sich breit und ein großer Unbekannter, Mister Unsicherheit, durchschritt den Raum, durchbohrte uns mit Intrigen und Machtspielen. Er sollte uns so schnell nicht wieder verlassen. Mit Mister Unsicherheit begann sich die Stimmung im Team in eine Richtung zu drehen, die immer unangenehmer wurde und fast zum Untergang des gesamten Unternehmens führte.

Es erstaunte mich, wie Ängste, um die Sicherheit, Menschen verändern können. Kamen jetzt die wahren Gesichter zum Vorschein? Oder war ich im Zuge meiner kreativen Erfüllung blind für Eigenschaften, die nicht in mein Konzept passten? War ich früher so verliebt in meine Aufgaben, dass ich alles positiv empfand?

Viele Kollegen zeigten auf einmal Eigenschaften, die nichts mehr mit Fairness, Brüderlichkeit oder Teamarbeit zu tun hatten. Es schien, jeder würde seinen eigenen Kampf ums Überleben im Unternehmen führen. Jeder wollte sich in Stellung bringen, die Situation im Team wurde leidiger, kläglicher. Intrigen, negative Machtstrukturen regierten nun das Unternehmen. Steine wurden in den Weg gelegt und Geschehnisse torpediert, blockiert.

Markus Ebert, ein Vorstandskollege, schien sich als ein besonders harter Kollege dabei zu bewähren. Früher wirkte er auf mich wie ein flatterhafter Abenteurer, der fortwährend neue Wege bestritt; wenn sie ihm schon nach kurzer Zeit nicht gefielen, aufgab und wieder umkehrte. Seine übertriebene Nettigkeit ließ ihn besser aussehen, als er war. Denn besonders gutaussehend war er nicht. Er tanzte auf verschiedenen Hochzeiten und wusste immer, wer auf Partys das letzte Hemd anhatte. Er wirkte eitel und machtbezogen.

Wer treibt – wird getrieben

Jetzt war Ebert am Hebel. Jetzt kam seine Gelegenheit. Und mit getriebener Instabilität beeinflusste er die Prozesse, die sich begannen abzuspielen. Ich wunderte mich mehrmals, weshalb er so unter Strom stand. Heute weiß ich: Er stand deshalb unter Strom, weil ihn sein falsches Spiel trieb und ihn nicht zur Ruhe kommen ließ. Wer treibt – wird getrieben. Er trieb gegen alles, was im Unternehmen nicht zu seinen Gunsten geschah und verstand es ausgezeichnet mit den Investoren, die sich am meisten für die Marke interessierten, zu arrangieren. Clever eingesetzt, wusste er Psychoterror zu initiieren. Mit vielen fremden Tropfen verseuchte er das Blut des Unternehmens. Freiheit gab es nur noch im Reich der Träume.

Oft saßen wir in Vorstands-Meetings mit den Wassergläsern in unserer Hand und stießen damit an. Aber alle spürten wir, mehr und mehr war die Luft raus. Viele Jahre legten wir uns ins Zeug für das Unternehmen, für die Sache. Jetzt hatten wir kaum noch Kraft zum Luftholen.

Geschickt wusste er zu erpressen

Zuerst konnte ich nicht so richtig fassen, um was es eigentlich ging, was sich hier unterschwellig abspielte. Viele Fragen taten sich auf. Warum erzählte Ebert stets in letzter Minute über seine Gespräche mit den Investoren? Warum drängte er uns dazu, Dinge zu entscheiden, die sich gegen den Noch-Inhaber richteten? Spürte er unsere Blockaden, sagte er, wenn du das nicht machst, dann mache ich das. Geschickt wusste er, mit den entsprechenden Worten zu erpressen.

Ebert lud oft per Mail zum Meeting mit einem angeblich wichtigen Thema ein. Über dieses Thema sprachen wir dann nicht und rackerten ein völlig anderes Thema ab. Hinterher stellte sich heraus, dass er ein Brainstorming benötigte, um die darin entwickelten Ideen schnellstmöglich den Investoren kundzutun. Auf diese Weise überrumpelte er nicht nur uns – sondern auch sich selbst. Natürlich fielen wir auch darauf rein, denn wer denkt schon an solche falschen Spiele.

Viele fühlten sich von ihm hintergangen und ausgenutzt. Einige kündigten, weil sie es nicht mehr aushielten. Und auch ich war enttäuscht und konnte oft nachts nicht mehr einschlafen. Alle hatten Angst, denn er hatte das Vermögen, so stark zu intrigieren und zu beeinflussen, dass alle dachten, er würde der neue CEO werden. Was ja auch sein Ziel war.

Jedes Mittel war ihm recht

Oft, wenn wir in der Sitzung Neues präsentierten, zertrat er unsere Strategien und meinte, dass das alles nicht erfolgreich wäre, keine guten Pläne. Mit Kalkül verkaufte er anschließend, alle gehörten Ideen den Investoren als seine Ideen. Sein Ziel war es, den Investoren zu zeigen, dass er der beste CEO wäre. Jedes Mittel war ihm dazu recht. Unterhielt man sich mit ihm, kamen nur noch Bösartigkeiten aus seinem Mund. In der Kantine sagte er mal zu mir: „Endlich ist der Alte weg. Es wurde wirklich Zeit. Er ist doch ein ewig Gestriger. Warum hat er sich auch immer von seinen Freunden beeinflussen lassen. Das Alte musste weg, damit Neues kommt." So ging das am laufenden Band und über jeden Kollegen, der sich ihm in den Weg stellte, zerbrach er sich mit Schlechtigkeiten den Mund: „Das ist der erste der geht. Die neuen Investoren wollen andere Leute ins Boot holen. Ich war erst gestern wieder mit einem von den Investoren essen." Er meinte immer, er wäre mit allen bestens vertraut oder sogar befreundet.

Sprach er über mich genauso negativ? Natürlich, erfuhr ich später.

Aus der Meta-Ebene heraus, erlebte ich einen Wirtschaftskrimi. Gekonnt spielte er alle Beteiligten gegeneinander aus. Niemand wusste mehr, wem er vertrauen konnte.

Wiederholend sagte er zu mir, er müsse mich schützen, damit ich Kreativ-Direktorin bleiben dürfe. Und ich solle vorsichtiger agieren, mich zurückhalten. Und dabei tat er so, als wäre er mein Gönner. Später erfuhr ich, dass er das auch zu den anderen sagte.

Ich konnte ihn nicht mehr ertragen – so wie ich die ganze Situation nicht mehr ertragen konnte. Und war hilflos.

Mein Mentor fehlte

Auch konnte ich nicht mehr mit meinem Mentor sprechen. Er war vor zwei Jahren verstorben und hinterließ eine riesige Lücke.

Dreimal verschob ich in diesem Jahr meinen Urlaub, weil ich dachte, jetzt passiert etwas – hier im Unternehmen, endlich werden Entscheidungen getroffen, die leider auf sich warten ließen.

Kollegen, die gekündigt hatten, riefen mich abends zu Hause an und wir sprachen lange miteinander, ich solle sie informieren, wenn endlich alles vorüber ist, dann würden sie wieder an Bord kommen. Die Uhr tickte. Und ich fragte mich vermehrt, warum blieb ich eigentlich an Bord? Warum kündigte ich nicht auch?

Eine Lüge im Wirtschafts-Magazin
Eines Tages gab es große Aufregung im Unternehmen. Die lokale Zeitung publizierte auf einer der ersten Seiten, dass der ehemalige Vorstand, Markus Ebert, CEO werden sollte. Ich traute meinen Augen nicht, als ich las, dass unter seiner Führung das Unternehmen dynamisch gewachsen wäre, der Umsatz sich durch ihn vervierfacht und der Gewinn sich mehr als verzwölffacht hätte, der gesamte Vorstand dankte von Rohr, dem Inhaber, für sein Engagement der letzten Jahre.

Niemand im Vorstand wusste etwas davon. Alle Mitarbeiter waren schockiert über diese Meldung. Und normalerweise stimmten wir im Vorstand gravierende Pressemeldungen immer gemeinsam ab.

Der Plan ging nicht auf
Der Plan ging nicht auf. Markus Ebert verhaspelte sich mit seinen Intrigen und Lügen so sehr im giftigen Efeu, dass er nicht mehr tragbar für dieses Unternehmen war. Als er endlich ging, war es so, als würde eine große Last mit ihm gehen. Und so war es auch. Sich von Ebert zu trennen, war die richtige Entscheidung. Er hatte seine Schäfchen natürlich bereits ins Trockene gebracht und heuerte tatsächlich als CEO bei einem Wettbewerber an.

Ich konnte wieder schlafen, erfrischt aufwachen und blieb Kreativ-Vorstand. Gemeinsam mit den anderen Kollegen, die noch im Vorstand waren, führten wir das Unternehmen mit voller Kraft in eine neue Zeit hinein. Ich war froh, dass ich mir in Zeiten der Not selbst treu geblieben bin. Der neue CEO brachte frische Impulse und schaffte es auch, uns wieder zu einem Team zu scharen. Unser Eigner war auch erst einmal kuriert von den Verkaufsplänen.

Was heute nicht geschieht, ist morgen nicht getan,
Und keinen Tag soll man verpassen.
Das Mögliche soll der Entschluss
Beherzt sogleich beim Schopfe fassen.
Johann Wolfgang von Goethe

Ich musste meinen Bruder kündigen

Als mein Vater mich zur Geschäftsführerin des Familienunternehmens
kürte und wie ich die brüderliche Opposition durchlebte

Die Kündigung meines Bruders. Nichts beschäftigte mich mehr, als diese
Kündigung. Gepaart mit einer Mischung aus innerer Kollision und Hilflo-
sigkeit, die an Notwendigkeit grenzte. Denn schließlich ging es um einen
meiner älteren Brüder. Alexander.

Alexander ist ein gut aussehender, großer Mann, der mit Begeisterung Menschen für sich einnehmen kann. Sein Netzwerk ist riesig und
wie gerne erzählte er anderen Menschen, dass es ohne ihn im Unternehmen nicht ginge. Er wäre der Mann, der für das Familienunternehmen
die richtigen Strategien entwickelte. Er wäre der Mann, der den meisten
Umsatz einbringe, bald würde er das Unternehmen der Eltern übernehmen. Doch es sollte anders kommen.

Das Familienunternehmen war für meine Eltern eine Lebensaufgabe.
Vor ungefähr 20 Jahren begannen sie, ein – heute mittelständisches – Unternehmen erfolgreich aufzubauen. Rund um die Uhr haben sie sich aktiv
für die Weiterentwicklung des Unternehmens eingesetzt. Freie Zeit – im
Kreise der Familie – war Mangelware, auch wenn meine Eltern immer ihr
Bestes gaben. Das Unternehmen war die Hauptaufgabe, alles, was wir
taten, stand im Banne des Unternehmens.

Zwei meiner Geschwister und ich starteten nach unseren Ausbildun-
gen im elterlichen Unternehmen. Uns war bewusst, dass einer von uns
irgendwann das Unternehmen übernehmen sollte. Ich selbst war die

jüngste. Niemals rechnete ich damit, diese unternehmerische Verantwortung übernehmen zu müssen oder zu dürfen.

Als ich von meinem Vater gefragt wurde, die Geschäftsführung zu übernehmen

Raumgreifend stand mein Vater dann eines Tages in seinem Büro und strahlte wie immer eine wohlige väterliche Wärme aus. Sein Beschluss stand fest, als er zu mir sagte. „Ich möchte dich bitten, die Geschäftsführung des Unternehmens zu übernehmen. Du bist die einzige unter deinen Geschwistern, die in der Lage ist, die Führung der Firma zu übernehmen. Auch wenn du die jüngste bist. Auch wenn du eine Frau bist". Gebannt, zuerst einmal fassungslos, stand ich da. Ich sollte die Führung übernehmen? Warum ausgerechnet ich? Warum nicht Frank oder Alexander?

„Vater, ich verstehe dich ja. Aber was werden meine Brüder dazu sagen? Alle drei haben sich bis jetzt – na gut, mehr oder weniger – für das Unternehmen eingesetzt", sagte ich. „Das Unternehmen braucht neues Leben, aber auch eine durchsetzungsstarke Persönlichkeit. Du bist nun mal die einzige von meinen vier Kindern, die das kann. Vor allem bringst du das notwendige Einfühlungsvermögen für die Mitarbeiter mit. Dich akzeptieren sie, sie mögen dich, du kannst sie gerecht führen", legte mein Vater nach.

Gedanken, die mich trieben

Ich wusste, dass er recht hatte. Weder Alexander noch Frank waren dazu geeignet. Mit ihrer Arbeitsweise und Lebenseinstellung würden sie das Unternehmen in den Ruin führen. Alexander war besonders schwierig. Vielleicht, weil er zu sehr verwöhnt wurde. Vielleicht, weil es in seinen Genen steckte. Sein Ego war groß. Und in allem, was er tat, dachte er zuerst an seinen eigenen Vorteil. Frank hingegen war anpassungsfähiger – aber er verfügte weder über den notwendigen Biss, noch über eine entsprechende Leidenschaft, die notwendig war, um das Unternehmen weiter nach vorne zu entwickeln. Beide wollten den Status quo erhalten, sie arbeiteten ihre Stunden ab und gingen davon aus, dass das Unternehmen ohne weiteres Zutun auch künftig florieren würde.

Vielleicht war es schon immer ein Fehler meiner Eltern, ihnen zu sagen, dass sie in alle Zukunft versorgt wären. Das Unternehmen lief von Anfang an gut. Meine Eltern konnten im Laufe der Zeit ein tolles gewinnabwerfendes Unternehmen aufbauen. Dafür haben Sie immer hart gearbeitet.

Alexander und Frank betonten gegenüber ihren Freunden des Öfteren, dass sie ja eigentlich nicht arbeiten müssten, da sie ja bis an ihr Lebensende versorgt wären. Diese Aussagen fand ich immer peinlich. Hatten sie es nötig in derartiger Weise zu prahlen? Es schien, als sei nur mir bewusst, dass künftiger Erfolg keinesfalls Gott gegeben, sondern weiterhin hart erarbeitet werden müsse.

Ich war anders. Warum? Weiß ich nicht. Mir tat diese Art der Lebenseinstellung weh, ich fühlte mich leblos und leer, zu wissen, dass ich ja für alle Zeiten versorgt wäre. Ich war neugierig auf das Leben, wollte riskieren, wollte bewegen. Kam diese Einstellung durch meine Erziehung? Oder steckte diese ebenso in meinen Genen? Das letztere musste wohl der Fall gewesen sein.

Mehrere Empfindungen schwebten in mir. Lange überlegte ich hin und her. Was und wie? Wie und was? In welche Lage brachte mich mein Vater nur? Und der Kampf um die Macht mit meinem Bruder Alexander war somit vorherbestimmt. Aber, ich konnte meinen Vater und das Unternehmen jetzt nicht im Stich lassen. Ich entschied, diese Verantwortung zu übernehmen. Ich musste mich dieser Aufgabe stellen.

Somit wurde ich nicht nur Chefin des Unternehmens – sondern auch die „Chefin meiner Brüder".

Ich ging ans Werk. Natürlich auch noch mit der Unterstützung meines Vaters. Mit Agilität und Besonnenheit auf zu verändernde Details, habe ich mir dann die gesamte Konstellation in der Firma angesehen. An manchen Ecken musste vieles verändert werden, damit das Unternehmen wachsen konnte.

Es war klar! Meine Brüder standen diesen Veränderungsprozessen jedoch entgegen. Gegen jede neue Idee kam anfänglicher Widerstand. So kam es, dass ich zwischen meinen Brüdern und der notwendigen neuen

Entwicklung im Unternehmen stand. Heute weiß ich: Frank wollte seine Ruhe haben, Alexander sein Ego ausleben.

Meine neue Herausforderung war mit Widerstand behaftet
Eindeutig mehr Verluste hatte ich im Haus der Verantwortung – als meine Brüder im Haus der Opposition. Auch wenn es nur gefühlsmäßige Verluste waren – wobei die gefühlsmäßigeren Verluste vermutlich die schlimmeren waren. Nachts wurde ich wach und überlegte. Wie konnte ich sie nur ins Boot holen? Wie konnte ich sie von meinen neuen Strategien überzeugen? Ich wusste, mit diesem Prozess war ich überfordert. Meine neue Herausforderung war mit Widerstand behaftet. Egal was ich tat, überall begegnete mir der Widerstand meiner Brüder. Dabei ging es nicht darum, ob neue Entscheidungen gut oder schlecht waren. Es ging nur um Widerstand. Jetzt benötigte ich Unterstützung. Ein Coach war genau das richtige. Und ich fand genau den passenden Coach. Eine Frau. Ein Jahr unterstützte sie mich und mein Team.

Alexander blockierte mich weiterhin. Jedes Mittel war ihm recht.
Irgendwann beruhigte sich Frank und er begann, meine Entscheidungen zu akzeptieren. Besondere Schwierigkeiten bereitete mir jedoch mein schwierigster Bruder. Natürlich: Alexander. Er stellte sich weiterhin, mit viel Ausdauer, fortlaufend gegen sämtliche Neuerungen und blockierte die unternehmerische Weiterentwicklung. Egal, was ich tat. Gemeinsam mit meinem Coach versuchte ich, ihn immer wieder ins Boot zu holen. Wir machten Workshops, Teamsitzungen, Vieraugengespräche, auch mit unseren Eltern. Dennoch, er blieb resistent und verbrachte weiterhin einen Teil seiner Arbeitszeit auf dem Golfplatz. Dort und anderswo fiel es ihm schwer, mit den passenden Argumenten zu erzählen, weshalb nicht er, sondern ich die Führung im Unternehmen übernommen hätte. Dennoch war er geübt darin, alles ins Positive, im Sinne seiner selbst, zu erzählen. Jedes Mittel war ihm dazu recht, selbst wenn es dem Image des Unternehmens schadete. Hauptsache es unterstrich sein Ego. Oft ging er zu weit, im Verhalten nach innen und im Verhalten nach außen. Dem Unternehmen schadete er mit seiner Nicht-Akzeptanz meiner Geschäftsführungskompetenz massiv.

Eine feste Wand stand zwischen uns

Dennoch, Alexander war mein Bruder und ich liebe ihn. Wie gerne hätte ich ihm geholfen, diese Situation zu akzeptieren. Ich wusste, wie sehr er unter der Entscheidung meines Vaters gelitten hatte. Und er litt unter dem Gefühl, versagt zu haben. Wie sehr hätte ich alles für ihn getan, damit er Frieden mit sich selbst fand. Aber eine feste Wand ohne Eingang stand nun zwischen uns und er ließ niemanden mehr herein. Mit ständiger Angriffslust und Feindseligkeit mir gegenüber, lebte er seine Gefühle, aus der Unbewusstheit heraus, bewusst aus.

Sein Verhalten blockierte natürlich meine Arbeit und meine Aktivitäten. Ebenso war das Vorwärtskommen des Unternehmens gefährdet. Es konnte so nicht mehr weitergehen. Weder für die Firma noch für mich.

Als ich meinen Bruder kündigen musste

Es war keine einfache Entscheidung für mich, ihn zu kündigen. Schließlich war er mein Bruder. Dieser Entschluss bereitete mir viele schlaflose Nächte. Und viele Gespräche führte ich diesbezüglich mit meinen Eltern, die diese Entscheidung dann auch mittrugen. Aber wir wussten alle, es war die richtige Entscheidung, vielleicht auch die beste für meinen Bruder.

Die Zeit bis zur Kündigung meines Bruders war eine aufreibende Situation. Ich lebte in dauernder Zerrissenheit. Wie sollte ich handeln? Wie konnte ich ihn mit ins Boot holen? Durfte ich als Schwester meinen Bruder kündigen? Sollte ich selbst die Geschäftsführung an den Nagel hängen? Fragen über Fragen, die mich tagsüber, zwischendurch – aber auch nachts beschäftigten. Das kostete viel Kraft. Und auch heute treiben mich diese Fragen noch.

Schlussendlich habe ich mich für die Firma entschieden, denn schließlich beziehen meine Eltern ihre Ruhestandsansprüche aus dem Unternehmen. Heute bin ich stolz, das Unternehmen so weit nach vorn entwickelt zu haben. Meine Eltern sind das auch und bestätigen mich in meinem Kurs.

Gegenwärtig beschäftigen wir 55 Mitarbeiter. Unser Umsatz mit 16 Millionen Euro im Jahr kann sich sehen lassen. Wir haben neue Märkte erschlossen und sind international aufgestellt. Die Führung der Firma ist das Wichtigste. Das ist das Ziel. Das ist die Aufgabe. Darauf muss ich mich konzentrieren. Und das tue ich bis heute, auch wenn jede Familienfeier angespannt bleibt.

Jedes Weihnachten ist trotz meines Erfolges eine schwere Zeit für mich, mit meinem Bruder habe ich weiterhin eine angespannte Situation. Immer noch fühlt er sich ungerecht behandelt, er hat die Notwendigkeit, ihn zu kündigen, niemals richtig verstanden. Bis heute hat er nicht wieder richtig Fuß gefasst. Alle seine Unternehmungen waren nicht erfolgreich, er gründete zwar ein eigenes Start-up, hauptsächlich lebt er jedoch von dem Geld meiner Eltern.

Wie Männer sich beschwerten, weil sie an eine Frau berichteten

Jeden Tag ein kleiner schmerzender Dorn

Lassen Sie mich einmal über Hierarchien im Unternehmen sprechen. Ich wollte schon immer nach oben, mitentscheiden und klug lenken. Schulsprecherin, Klassenbeste und der Uni-Abschluss mit Auszeichnung. Nur mein Humor und die offene Kommunikation verhinderten, dass ich als Streberin galt. Merke ich, dass auf einer Ebene halbherzige Entscheidungen getroffen werden und dort die nötige Bereitschaft für Risiken fehlt, spüre ich eine innere Unruhe. Starre und bremsende Hierarchien, eigentlich eine Sache von Gestern, verfolgen den Menschen von der Wiege bis zur Bahre, von der Schule bis in den Job und weiter. Ich war zehn Jahre im Unternehmen, das von technologischer Entwicklung lebt, als ich wieder diese Unruhe fühlte. Nur weg, dachte ich. Drei Hierarchie-Ebenen über mir blieb dieser Fluchtgedanke nicht verborgen, ein alter Hase roch den Braten. Er, der dort in einem riesigen Büro mit Fernblick saß, war bekannt für seinen Siebten Sinn oder vielmehr für seine exzellente Beobachtungsgabe. Was er mir vorschlug, war tollkühn und nicht ohne Risiko für uns beide, denn ich sollte fortan direkt an ihn berichten und damit die anderen Hierarchien überspringen. Mehr noch, ich sollte deren Zusammenspiel fortan koordinieren. Ich jubelte, denn ich wusste, nur so ließ sich die in den Ebenen eingebaute Bremse lösen. Abends auf dem Heimweg im Auto schrie ich vor Begeisterung und sang bei offenem Fenster Freudenlieder. Ich bekam das, was ich immer wollte und wofür ich konsequent hart gearbeitet habe. Ein absolutes Hochgefühl entstand. Es war sicher einer der glücklichen Momente in meinem Berufsleben.

Man kann sich vorstellen, wie die Neuigkeit einschlug. Der berühmte Schlag ins Wespennest. Aufgeregt schwirrten die Männer umher und fuhren reflexartig ihre Stacheln zum Angriff aus. Von nun an mussten sie an mich berichten, so war es mit der obersten Hierarchie-Ebene vereinbart. Panik brach aus, und in kürzester Zeit machten diese Männer gegen mich mobil. Unglaublich, was da versucht wurde. Einer ging ohne Umschweife zum Personalvorstand und machte dort seiner Empörung Luft, dass er nun einer Frau berichten müsse. Hierbei ging es weniger um mich, überhaupt eine Frau, so war er überzeugt, könne man nicht die Befugnis geben, die Gehälter männlicher Führungskräfte festzulegen. Ein Unding sei das in seinen Augen. Er biss allerdings beim Vorstand auf Granit. Da er viele Mitstreiter hatte, blieb es nicht bei diesem Versuch.

Fast täglich erhielt ich anonyme Schreiben, einmal mit schlimmen Beleidigungen, ein anderes Mal wieder mit haltlosen Unterstellungen und Gerüchten. Jeden Tag ein kleiner schmerzender Dorn, das sollte mich zermürben. Entweder wird man in dieser Situation empfindlicher oder man wird härter. Die Drohungen steigerten sich allmählich zu angedeuteten Erpressungen. Man wolle demnächst mein sexuelles Verhältnis mit dem Werksleiter offenlegen, falls ich nicht einlenke und an meinen alten Platz zurückkehre. Nur, ich hatte nie eine Affäre mit dem Herrn. Alles war Teil der von einer losen Gruppe initiierten Zermürbungsstrategie.

In dieser Zeit bin ich tendenziell härter geworden, geweint habe ich nie vor anderen im Betrieb. Und was zuhause passiert, sieht keiner.

Der Papier Schredder meines Chefs kam mir schließlich zur Hilfe. Gerade hatte ich wieder einen Schmähzettel vorgefunden, da deutete der Vorgesetzte wortlos auf das Gerät. Rein damit, bedeutete die Geste. Aber vorher lesen, das ließ ich mir nicht nehmen. Und schon fing der alte Schredder geräuschvoll an zu kauen und den ganzen Gedankenmüll der vermeintlich Benachteiligten in feine Streifen aufzulösen.

Das Ritual setzte ich täglich fort und es half ungemein. Ich ließ den Inhalt immer weniger an mich herankommen, obwohl der Schmutz nicht abnahm. Ein persönlicher Schredder gehört in jedes Büro, er fördert Gelassenheit und am Ende die Gesundheit. Anmerken möchte ich noch, dass es in dieser Phase auch Männer im Unternehmen gab, die anders waren als der Mainstream und mir halfen, da sie von meinen Fähigkeiten und dem Mut, Dinge anzustoßen, überzeugt waren. Das Geschlecht spielte für sie keine Rolle. Sie schauten nur auf die Leistung und die stimmte bei mir.

Ohne die Rückendeckung und Unterstützung meines Chefs hätte ich diese Zeit nie durchgestanden. Er ist heute im Vorstand unseres Unternehmens, ich berichte an seinen Kollegen und verantworte einen der wichtigsten Bereiche. Wir haben heute deutlich mehr weibliche Führungskräfte, es gibt aber immer noch viel zu tun.

Es tut jeder gut, sich auf seine eigenen Beine zu stellen,
diese Beine mögen sein, wie sie wollen.

Theodor Fontane

Ich versuchte Anpassung und unterdrückte meinen Drang nach Unabhängigkeit

Viel Energie gibt viel Gegenenergie

Das Fundament im „Haifischbecken" des Topmanagements auf Dauer zu bestehen, ist ein verlässliches und herzliches Umfeld. Freunde, Familie und gute Rituale gehören dazu. Auf meinen Mann, wir sind bald 30 Jahre verheiratet, kann ich mich in jeder Situation verlassen. Er besaß nie ganz den beruflichen Ehrgeiz wie ich, hielt mir aber bei der Erziehung unseres Sohnes den Rücken oft frei, was ich ihm hoch anrechne. Eine Krise vor zehn Jahren, konnten wir durch eine Paartherapie meistern. Heute haben wir zwei Enkelkinder und ich freue mich auf die Zeit, die ich mit ihnen verbringen kann: ohne Termine, ohne Kalkül und ohne Machtspiele. Angewöhnt habe ich mir, mein Mobiltelefon am Freitagabend auszuschalten und erst wieder am Sonntagabend eingegangene Mails abzurufen. Diese kleinen Freiräume müssen sein, um mich selbst wieder zu spüren, und genau das lässt mich im Job brillieren. Nicht die Lunte brennen lassen, bis die Erschöpfungsbombe hochgeht. Lieber die Lunte regelmäßig kühlen und so sicher verlängern. Wie so oft im Leben, aus Erfahrung wird man klüger, so musste ich erst eine Herzmuskelentzündung bekommen, um mir diese Freiräume und Wochenendrituale – nomen est omen – „aus vollem Herzen" zu gönnen. Schuld war eine verschleppte Grippe, mit leichtem Fieber ging ich arbeiten. Es wird schon wieder, es ist doch immer gut gegangen – was man eben hofft, wenn man mitten in einem wichtigen Projekt steckt. Von jetzt auf gleich bekam ich starke Brustschmerzen, glaubte an einen Herzinfarkt. Mit Blaulicht kam ich in die Klinik, in der man die Herzmuskelentzündung feststellte.

Ich versuchte Anpassung und unterdrückte meinen Drang nach Unabhängigkeit

Nach zehn Wochen verordneter Ruhe kam ich ins Unternehmen zurück und sah die Welt ein Stück weit gelassener und auch mit einer anderen Perspektive. Rückblickend kam die Erkrankung genau in einer beruflichen Phase, in der ich am wenigsten bei mir selbst war. Ich versuchte Anpassung und unterdrückte damit meinen Drang nach Unabhängigkeit und unbequemen, aber erfolgreichen Ideen. Ich war einfach nicht gut. Ich schwächte unbewusst mein Potential und damit den Garanten meines Erfolgs. Das kranke Herz war mir dahingehend der beste Lehrmeister.

Formen der Neidkultur sprießen im Berufsalltag wie Giftpilze aus dem Boden

Ich startete neu durch und wurde wieder authentisch, stieg auf, was mir natürlich keine Freunde machte. Da kamen auch Vorwürfe, ich hätte mich nach oben geschlafen. Wenn Männer in dir eine Konkurrenz sehen, ist das meist deren erstes Argument. Mein Mann und ich köpften zuhause eine Flasche Champagner, um auf diese Gerüchte fröhlich anzustoßen. Wer sich von toxischem Flugfunk beeindrucken lässt, geht unter. Und Neid ist schließlich auch eine Form der Anerkennung. Das sollte man sich innerlich immer wieder abrufen, denn neue Formen der Neidkultur sprießen im Berufsalltag wie Giftpilze aus dem Boden. Viel Energie gibt viel Gegenenergie und damit muss man umgehen lernen.

Wer es allen recht machen will, tut sich selbst am meisten unrecht, ein Credo, das ich sehr beherzige. Im Topmanagement weht bekanntlich ein rauer Wind, auf diesen Meeren muss eine Frau schnell Kapitänin sein und nach dem Ruder streben. Leichtmatrosinnen gehen unter oder „schrubben" die Dielen, auf denen andere zum Erfolg segeln.

Literatur, die uns während des Schreibens begleitet und inspiriert hat

Simone de Beauvoir. Das andere Geschlecht. Sitte und Sexus der Frau. Rowohlt Verlag, Reinbek, 1951

Gunter Dueck. Abschied vom Homo oeconomicus. Warum wir eine neue ökonomische Vernunft brauchen. Eichborn AG, Frankfurt am Main, 2008

Sigmund Freud. Abriss der Psychoanalyse. Einführende Darstellungen. Fischer Taschenbuchverlag, Frankfurt am Main 1994

Sabine Guhr-Biermann. Die Energien im Unternehmen. Libellen-Verlag. Leverkusen, 2014

Katrine Marçal und Stefan Pluschkat. Machonomics. Die Ökonomie und die Frauen. Verlag C.H.Beck oHG, München, 2016

Peter Modler. Das Arroganz-Prinzip. So haben Frauen mehr Erfolg im Beruf. Krüger Verlag (S. Fischer Verlag), Frankfurt am Main, 2009

M. Schmidt-Tanger, H. Backwinkel. Erfolgreiches Coaching für Teams. Junfermann Verlag, Paderborn 2012

Friedemann Schultz von Thun. Miteinander Reden. Das innere Team und situationsgerechte Kommunikation. Rowohlt Taschenbuch Verlag, Reinbek, 1998

Vereine, mit den wir gesprochen haben
Frauen helfen Frauen e.V.
Deutsche Multiple Sklerose Gesellschaft (DMSG) e.V.
Projekt Schmetterling e.V.